21世纪高等院校艺术设计系列实用规划教材

工业设计思维与方法

编 著 陈书琴 魏 晓

主 审 张海文

北京大学出版社
PEKING UNIVERSITY PRESS

内 容 简 介

本书分五部分阐述工业设计思维与方法，第一章为概述部分，主要分析工业设计的概念、组成要素及设计思维的重要性，第二章介绍创造性思维的含义与形式，第三章为本书的重点章节，介绍创造原理与创造技法，以案例教学的形式，深入浅出地介绍了各种复杂的概念和方法。第四章分三部分介绍工业产品设计程序即产品需求与调研、产品开发与设计、产品展示与验证。第五章以案例教学的形式介绍如何运用前面章节所学的设计方法对产品进行创新设计。

本书围绕工业设计专业人才必备的创新思维素质展开论述，重点对思维技法进行剖析和讲解，并结合实例检验方法的可行性，弥补了市面上与工业设计创新思维相关教材的不足，以生动有趣的案例阐述复杂的方法论概念，使内容通俗易懂、条理清晰。

本书既适合高等院校工业设计、产品设计专业师生作为教材使用，也适合从事工业设计工作的人员学习参考使用。

图书在版编目 (CIP) 数据

工业设计思维与方法 / 陈书琴，魏晓编著. —北京：北京大学出版社，2020.12
21世纪高等院校艺术设计系列实用规划教材
ISBN 978-7-301-31842-3

Ⅰ. ①工… Ⅱ. ①陈… ②魏… Ⅲ. ①工业设计—高等学校—教材 Ⅳ. ① TB47

中国版本图书馆 CIP 数据核字 (2020) 第 227050 号

书　　名 工业设计思维与方法
GONGYE SHEJI SIWEI YU FANGFA
著作责任者 陈书琴　魏　晓　编著
策 划 编 辑 孙　明
责 任 编 辑 李瑞芳
标 准 书 号 ISBN 978-7-301-31842-3
出 版 发 行 北京大学出版社
地　　址 北京市海淀区成府路 205 号　100871
网　　址 http://www.pup.cn　新浪微博：@ 北京大学出版社
电 子 邮 箱 编辑部 pup6@pup.cn　总编室 zpup@pup.cn
电　　话 邮购部 010-62752015　发行部 010-62750672　编辑部 010-62750667
印 刷 者 北京宏伟双华印刷有限公司
经 销 者 新华书店
889 毫米 ×1194 毫米　16 开本　7.75 印张　240 千字
2020 年 12 月第 1 版　2024 年 7 月第 2 次印刷
定　　价 48.00 元

前　言

随着社会的快速发展与产业的进步，专业分工越来越细，工业设计作为一个专业范畴被明确地提出来。专业领域对其的最新定义是：工业设计旨在引导创新、促发商业成功及提供更高质量的生活，是一种将策略性解决问题的过程应用于产品、系统、服务及体验的设计活动。它是一种跨学科的专业，将创新、技术、商业、研究与消费者紧密联系在一起，共同进行创造性活动，并将需解决的问题、提出的解决方案进行可视化，重新解构问题，并将其作为建立更好的产品、系统、服务、体验或商业网络的机会，提供新的价值及竞争优势。工业设计是通过其输出物对社会、经济、环境及伦理方面问题的回应，旨在创造一个更好的世界。

我国自 20 世纪七八十年代开始，就从国外引进工业设计的概念，此后的几十年，全国各地的高等院校纷纷开设以产品设计为导向的工业设计专业，众多学者也著书立说，出版各类工业设计教材，多年的教学成果成就了一批批专业的工业设计师，服务于社会各行各业。

本书是在前人研究的基础上，结合作者多年教学实践编写而成，重点围绕工业设计专业人才必备的创新思维素质展开论述，对思维技法进行剖析和讲解，并结合实例检验方法的可行性，以生动有趣的案例阐述了复杂的理论，使内容通俗易懂、引人入胜。

本书包括五章。第一章概述，主要阐述本书研究探讨的着力点，论述其“重要性”，让读者了解本书所述内容是作为一个专业的工业设计师所必须了解和掌握的基础知识，建议课时为 2 学时。第二章主要分析了创造性思维的几种形式，论述了作为工业设计师，从宏观上必须要了解和具备的相关思维模式，先了解概念，然后在实践中不断地进行自我培养，建议课时为 4 学时。第三章主要介绍在创造性思维指导下的可供实际操作的创造原理与相关技法。这些技法可以在反复试验中得出满意的创意效果，但也并非灵丹妙药，可以一蹴而就，因而就有第五章的内容，用相对复杂而完整的设计案例更深入浅出地阐述如何运用这些方法技巧。第三章的建议课时为 16 学时。第四章工业产品设计程序，由于设计思维和具体的设计技法是服从于产品设计程序这个大系统的，一种产品从无到有的开发过程，设计思维方法在其中任何一个环节都是环环相扣、不可或缺的，所以本章通过产品的设计开发过程来分析设计程序与设计思维方法之间的关系，让读者通过了解工业产品的设计程序感受设计思维在其中的作用和应用方式。建议课时为 8 学时。第五章创新思维技法的应用与范例，通过多个设计案例，介绍如何运用第三章及第四章中的设计方法对产品进行创新设计，属于总结和加深知识的章节。本章课时为8学时。全书理论部分课时共38学时，加上练习讲解和方案设计辅导部分，建议总共64学时为宜。

本书第一、三、五章由陈书琴（仲恺农业工程学院何香凝艺术设计学院工业设计系副教授）编写，第二、四章由魏晓（仲恺农业工程学院何香凝艺术设计学院工业设计系副教授）编写。由于编者水平有限，时间仓促，难免有不妥之处，衷心希望广大读者批评指正。

编　者

2020年9月

目　录

第一章

概　述

教学目标

了解“工业设计”的概念；
掌握本书的主要阐述范围和研究重点；
理解“创新思维”是设计师不可或缺的能力。

教学要求

知识要点	能力要求	相关知识
什么是工业设计	了解工业设计涉及的范畴； 了解工业产品设计的组成要素	产品功能与形式
工业产品设计思维的重要性	理解创新思维的基本概念； 了解思维在产品形成过程中的作用	逻辑思维

推荐阅读资料

[1] 贝拉·马丁，布鲁斯·汉宁顿，2013. 通用设计方法 [M]. 初晓华，译 . 北京：中央编译出版社 .
[2] 威廉·立德威尔，克里蒂娜·霍顿，吉尔·巴特勒，2013. 通用设计法则 [M]. 朱占星，薛江，译 . 北京：中央编译出版社 .

基本概念

1. 功能与形式

产品设计必须满足必要的物质功能和精神功能，在此前提下，再向体现设计师的思想和观念风格的更高层次进行探索。此处的“功能”主要指“实用功能”，“形式”主要指“精神功能”。

2. 物质功能与精神功能之间的关系

（1）单独以解决一种问题存在的纯物质功能的设计。

（2）在产品设计中，精神功能对物质功能的烘托与补充（更为强调物质功能）。

（3）精神功能借助物质功能的使用方式而存在，但更多的目的是表现精神层面的观念。

（4）精神功能与物质功能剥离，它们之间没有联系（将物质功能作为一个载体和道具）。

（5）在产品设计中看不到物质功能的影子，更多以装置设计、装饰设计或者行为设计的形式展现。

3. 思维与技法之间的关系

所有的技法皆来源于思维。

引例：从一个“鼠标”看什么是“工业设计”

以“鼠标”这个产品为例，对于设计师而言，鼠标就是一件作品，设计师个人的修养、文化素质、设计能力直接影响到鼠标产品的呈现；对于生产厂家而言，鼠标是一件产品，其结构、生产工艺都关系到成本的高低和生产的难易程度，所以设计时必须注意与生产环节相关的各种问题；对于商店而言，鼠标是一件商品，其与运输过程的环节密切相关，例如商品的包装是否易于运输、展示的时候是否美观、被买家买回家后，拆解包装是否方便等；对于购买者而言，鼠标是一件用品，鼠标是否好用、耐用，用完丢弃后是否影响自然环境等问题，都是设计师所要考虑并解决的。

本章为全书的概述部分，主要分析工业设计的概念，以及设计思维的重要性。重点阐述本书的研究着力点，论述其“重要性”，让读者明白本书所述内容是作为一个专业的工业设计师所必须了解和掌握的知识。

1.1 什么是工业设计

作为一种现代设计方法，工业设计不仅涉及产品本身的功能、结构、材料、工艺、形态、色彩、表面处理与装饰，以及与人相关、与生态环境相关的各个方面，同时，还涉及为了推销产品和宣传企业所做的产品包装设计、广告设计，以及企业的形象设计和市场营销策略等方面的设计。所以，工业设计既关系到人们的生活、生产、工作和劳动方式，又关系到生产企业的规划与发展。

如图 1-1 所示，中间圆圈部分的“载体”表示产品，引例中的“鼠标”可以很好地诠释此图。

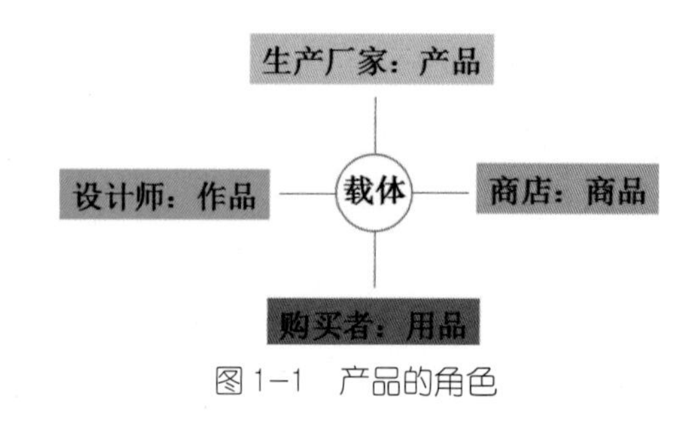

图 1-1　产品的角色

1.2 工业产品设计的组成要素

设计以人为本，所以在工业设计大系统中，设计师与购买者（用户）之间的关系是产品设计成败的关键。设计师必须设计出让用户满意，并且耐用、方便、美观的产品，才算是一件成功的产品，而这就体现了产品最基本的两方面内容：功能和形式（图 1-2）。以往，在“现代主义”大行其道的时代，功能的要求要远远大于形式，但在人们生活水平极大提高的今天，产品的美感、情感与功能要求是同等重要的。

下面介绍产品创新的几个方面以及产品形态的分类。

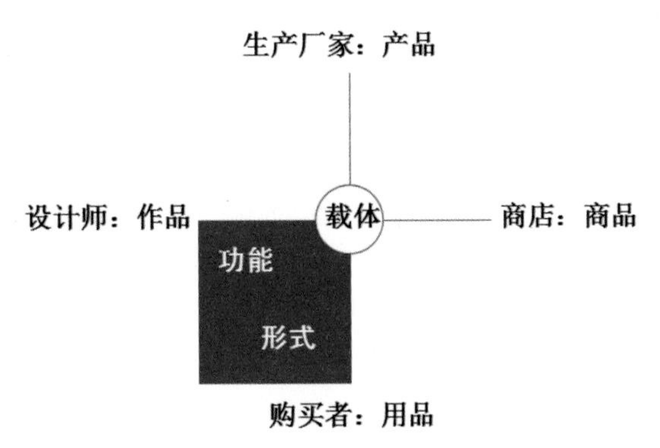

图 1–2　功能和形式

1.2.1　产品功能

每一种产品都有其特定的功能，以满足某种消费的需要。产品的创新首先必须进行功能的创新。产品功能创新的原理主要有以下几个方面。

1. 功能的延伸

功能的延伸是指沿着产品自身原有功能的方向，开发出同类新产品，在原有基础上扩大了所需功能，这种被延伸了的功能往往优于原有的功能。

如图 1–3 所示，电风扇原有的功能不变，只是反过来使用，就形成了“排气扇”。这个例子体现了电风扇“功能的延伸”。

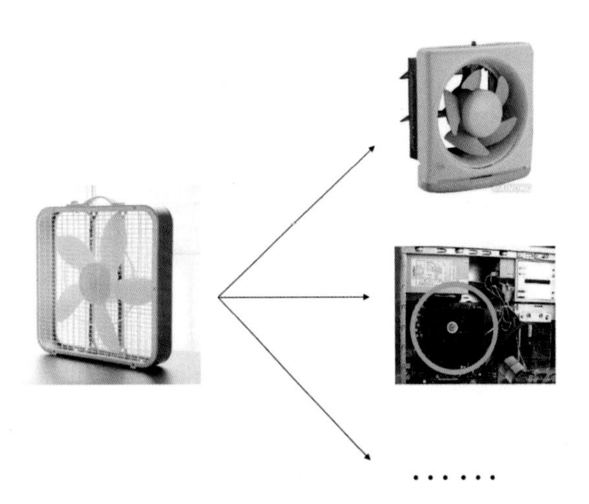

图 1–3　电风扇功能的延伸

2. 功能的放大

产品功能比原产品的功能作用范围扩大，或者是原有功能作用力度的增加，从而使新产品的功能放大，形成多功能的产品。

如图 1-4 所示，在雨伞内里加上一层防紫外线膜，就形成了多功能的伞，既可以挡雨，也可以遮阳、防紫外线；或者是把原有功能作用力度增加，扩大雨伞的面积，形成一把大型的太阳伞，给咖啡桌椅形成一个半开放的空间，方便人们在户外休息。

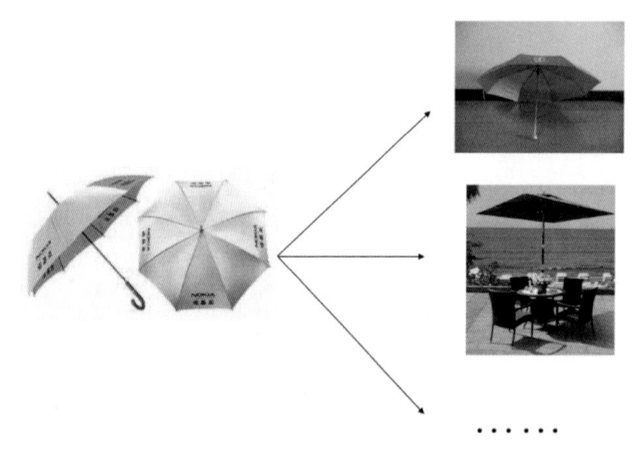

图 1-4　雨伞功能的放大

3. 功能的组合

把不同产品的不同功能组合到一种新产品中，或者是以一种产品为主，把其他产品的不同功能移植到这种新产品中去。通过系统设计的定量优化，可以实现功能的组合优化。如图 1-5 所示的瑞士军刀，以刀柄为主体，不断增加功能，形成多功能刀具。

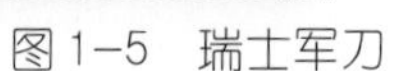

图 1-5　瑞士军刀

4. 变换功能目标

借用现有产品的功能原理，开发与现有产品相距甚远的其他新产品。例如与机械化车间设备功能相近而目标对象全然不同、外形也差别很大的医疗设备。

5. 功能开发

功能开发是指运用现代科学技术和新工艺来不断开发产品的新功能，形成一系列新的产品。

从功能开发入手，系统地研究、分析产品，是产品功能创新的主要途径。通过功能系统分析，加深对分析对象的理解，明确对象功能的性质和相互关系，从而调整功能结构，使功能结构平衡，功能水平合理，达到功能系统的创新。功能创新的主要目的，就是要在功能系统分析的基础上探索功能要求，通过创新获得以最低成本可靠地实现这些功能的手段和方法。

1.2.2 产品形态

形态是传达信息的第一要素。所谓形态，是指由内在的质、组织、结构、内涵等本质因素延伸到外在表象因素，通过视觉而产生知觉的一种生理与心理过程。它与感觉、构成、结构、材质、色彩、空间、功能等要素紧密联系。

工业产品的形态是具有一定的目的性的人为形态，它不仅仅是由几何形构成的，还会从自然界的有关形态中得到启迪而被创造出来。因此，工业产品的形态类别概括起来主要有以下几种典型的形式。

1. 具象形态

以自然形态为素材，对自然形态进行具体逼真的模仿而形成的一种造型形态。

图 1-6 是清乾隆时期的鱼形汤碗，极其逼真地再现了鱼的形态、色彩和纹理。这件器物运用的是具象形态的造型手法，就连鱼的鳞片都是那么细致逼真。

图 1-6　清乾隆时期的鱼形汤碗

2. 模拟形态

模拟形态是以自然形态为模仿对象，但又不完全真实地模拟，而是经过提炼的、仅在某些形态的表现上体现自然形态的特点，以达到产品某种功能的需要。

图 1-7 是菲利普·斯塔克设计的 Ara 台灯，以牛角的自然造型为模仿对象，但与具象形态截然不同的是，这款台灯去除了牛角的细节，只提炼了基本造型，与台灯功能吻合，是一个很好的模拟形态灯具案例。

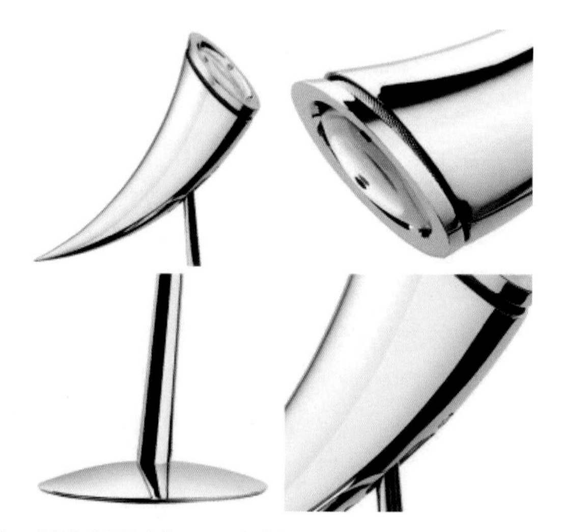

图 1-7　菲利普·斯塔克设计的 Ara 台灯

3. 象征形态

象征形态是以自然形态中的人或动物形态为基础，经过艺术的提炼和加工，模拟人或动物的体态或情景，达到某些联想和暗示的作用，能产生较含蓄但很深刻的意境。

图 1-8 中的咖啡壶，“弯腰”的形态很像一个有礼貌的服务员在给客人倒咖啡，通过模拟人的体态达到一种幽默的语义，有一定的象征意义。

图 1-8　咖啡壶

4. 抽象形态

抽象形态是以自然规律与运动为基础，以形态要素点、线、面的运动与演变而形成的多种多样的几何形态。这类形态具体但不具象，既可以有规律也可以无规律，尽管其形式抽象，但仍能使人产生无穷的联想。

图 1–9 是丹麦设计大师维纳·潘顿设计的锥形椅，运用了点、线、面的几何元素，现代感极强。

图 1–9 维纳·潘顿和他设计的锥形椅

5. 机能形态

机能形态是指以实现产品功能必需的结构、形式为基础，经过适当的整理、加工、装饰而形成的外观形态。这种形态由于其功能性和效率性而体现出“实用美”。

如图 1–10 所示，电冲钻的把手部分有三条凸起的棱，其主要作用是防滑，而不是美观，这就形成了机能形态。

图 1–10 机能形态的电冲钻

1.3 工业产品设计思维的重要性

顾名思义，设计思维是研究设计与思维之间关系的学科，但它主要研究的不是设计思维的成果及其应用，而是如何形成相对的思维过程，并从这一类过程中总结出其特有的思维规律、思维形态和思维技巧，以便让更多的人能够学习和掌握。因此，概括地说，设计思维是一门以设计思维的本质特征、基本形态、基本规律为主要研究对象，同时也探讨和研究设计思维的方法，以及设计思维潜力开发等问题的科学。

产品从无到有，或者是对现有产品的改良，都离不开思维和创意的深刻影响，创造产品就是一个问题求解的过程，如何更好地解决问题？这需要设计师运用创意思维能力去处理，所以设计思维和创新技法是设计师必备的素养。

与设计思维对应的是众多可供实践的创意技法，创意技法在设计实践中是综合运用的结果。所有的技法皆来源于思维。请注意，只有经过大量实践，技法才具有作用。实践创意技法的同时，要探究其理论支撑与思维根源，只有这样，设计师才能有效地掌握并灵活运用创意思维对产品进行有价值的构想和创新。

习 题

一、填空题

1. 工业产品设计中，产品作为一个“载体”，涉及________、________、________和________这 4 个层面的角色和范畴。

2. 从设计师与购买者关系的角度，工业产品设计的两大组成要素分别是：________和________。

3. 产品功能创新原理主要包括________、________、________、________和________这 5 个方面。

二、选择题

1. 工业产品的形态类别主要包括以下哪些典型的形式？（　　）。

A. 具象形态　　B. 模拟形态　　C. 象征形态

D. 抽象形态　　E. 机能形态。

2. 产品的创新首先必须进行(　　)的创新。

A. 功能　　B. 形式　　C. 技术　　D. 象征意义

三、思考题

1. 什么是工业设计，它涵盖哪些范畴?

2. 简述“设计以人为本”的重要性。

第二章

创造性思维

教学目标

了解创造性思维的含义；
掌握创造性思维的主要形式。

教学要求

知识要点	能力要求	相关知识
抽象思维	理解抽象思维的概念； 了解抽象思维运用的方式	具象思维
形象思维	理解形象思维的概念； 了解形象思维运用的方式	意象
直觉思维	理解直觉思维的概念； 了解直觉思维运用的方式	思维闪念
灵感思维	理解灵感思维的概念； 了解灵感思维运用的方式	大脑皮层
发散思维	理解发散思维的概念； 了解发散思维运用的方式	辐射思维
收敛思维	理解收敛思维的概念； 了解收敛思维运用的方式	整合
逆向思维	理解逆向思维的概念； 了解逆向思维运用的方式	反转型逆向思维法、转换型逆向思维法、缺点逆向思维法
正向思维	理解正向思维的概念； 了解正向思维运用的方式	时间维度
分合思维	理解分合思维的概念； 了解分合思维运用的方式	分解、合并
联想思维	理解联想思维的概念； 了解联想思维运用的方式	接近联想、相似联想、对比联想

推荐阅读资料

[1] 刘静伟，2018. 设计思维 [M]. 2 版 . 北京：化学工业出版社 .
[2] 鲁百年，2015. 创新设计思维：设计思维方法论以及实践手册 [M]. 北京：清华大学出版社 .
[3] 白晓宇，2008. 产品创意思维方法 [M]. 重庆：西南师范大学出版社 .

基本概念

抽象思维又称词的思维或逻辑思维，是指用词进行判断、推理并得出结论的过程，是相对于具象思维而言的。抽象思维凭借科学的抽象概念对事物的本质和客观世界发展的深远过程进行反映，使人们通过认识活动获得远远超出靠感觉器官直接感知的知识。

直觉思维：以少量的本质性现象为媒介，直接把握事物的本质与规律。

灵感思维：人们借助直觉启示对问题得到突如其来的领悟或理解的一种思维形式。

发散思维：人们在思维过程中无拘无束地将思路由一点向四面八方展开，从而获得众多的解题设想、方案和办法的思维过程。

收敛思维：以某一思考对象为中心，从不同角度、不同方面将思路指向该对象，以寻求解决问题的最佳途径的思维形式。

逆向思维：把思维方向逆转，是用与原来的想法对立的或表面上看来似乎不可能并存的两种思路去寻找解决问题办法的思维形式。

正向思维：按常规思路，以时间发展的自然过程、事物的常见特征、一般趋势为标准的思维方式。

分合思维：一种把思考对象在思想中加以分解或合并，以产生新思路、新方案的思维方式。

联想思维：一种把已掌握的知识与某种思维对象联系起来，从其相关性中得到启发，从而获得创造性设想的思维形式。

引例：创新设计思维模式

当大家发现病人看病经常考虑的问题时，传统的思维模式都会考虑如何直接解决病人的顾虑，但是换一种思维模式，想象如果病人不去医院也能看病，该如何去做？莱福康信息科技公司的云端健康就是这样一种创新，将医院搬到云端，病人通过手机集成的医疗器械或者无创血糖仪，实时监测血压、血糖、心电图、体温、心率、脉搏血氧、疲劳压力测试等。当空巢老人在家没人照顾、登山爱好者发生危险、旅游者出现异常现象时，云端医院 24 小时有人值班，监控病人的状况，一旦发现异常，就可以将离病人最近的医生和病人联系起来，进行远程诊断和治疗。病人每天的测试结果、病历、信息等都存在云端的医院中，这样不但可以随时随地监控他的状况，而且还会提供很多增值服务，例如，糖尿病人的餐饮提示和特殊食品的提供等。

2.1 创造性思维的含义

思维是一个使用频率越来越高的词，尤其是将它和创意联系在一起的时候。创造性思维是打破常规、开拓创新的思维模式，创造性即想出新的方法、建立新的理论、做出新的成绩。整个设计活动过程，就是以创造性思维形成设计构思并最终产生设计产品的过程。

2.1.1 思维的概念

思维的产生需要具备两方面的因素：一方面，社会实践是思维产生的前提，一个人涉足社会实践的程度，通常会影响其对具体问题的认识；另一方面，思维的表达是思维形式化和设计概念表达的重要方面。

思维是建立在人们对现存事物充分认识的基础之上，经过大脑对这些现存事物的感性认识、理解、分析、总结等逻辑思考过程，从而对其本质属性作出内在的、联系的、间接的、概括的反映。思，就是想；维，就是序；思维就是有次序地想一想、思索一下、思考一番。它是对事物进行分析、综合、判断、推理等认识活动的全过程。

2.1.2 创造性思维的概念

根据思维活动所取得的成果，可以将人的思维方式划分为创造性思维和常规思维。其中，创造性思维是一种具有主动性和创见性、从多方位多角度寻求答案的开拓性思维方式。广义的创造性思维认为，一切对创造性成果起作用的思维活动，都可视为创造性思维。狭义的创造性思维，则是指人们在创造活动中直接形成成果的思维活动。

我国几十年来所推行的知识教育更多的是培养人们从事非创造性的常规性工作。一般来说，如果一项活动仅仅是依靠吸收、模仿、学习等重复过程，而不具有某种变革、突破的活动，则属于常规再造性的活动。常规再造性活动是一种基本上利用现有的知识和经验，或者只进行一定程度的调整就能完成的活动，其特征是遵守规则、规范，不允许随意改变。再造性活动占人类活动总量的绝大部分，它量大面广，与绝大多数人休戚相关。在常规生产中，各种工艺要求以技术文件等形式下达给操作者，操作者严格执行，这样才会生产出与标准样品完全一致的合格产品。从某种意义上来讲，常规再造性活动的实质是追求把“事情做好”，而创造性活动则追求“做最好的事”。在一般情况下，任何创新都要承担一定的风险。创造性和常规再造性是缺一不可的，如果一个社会没有创造性活动，社会就会停滞不前；如果一个社会没有常规再造性活动，社会就会不稳定。

2.1.3　扩展创意思维的视角

独创常常是打破常规，追求与众不同。具有独创力的人常常用一种近乎挑剔的眼光看问题，并总是能提出与众不同的想法。

对于创造性思维来说，习惯性思维是消极的，它使人们忽略了习惯性之外的事物和观念。对于我们来说，习惯性思维是很难避免的。解决的方法就是学会从多种角度观察同一个问题。我国著名诗人苏东坡有一首诗这样写道："横看成岭侧成峰，远近高低各不同，不识庐山真面目，只缘身在此山中。"所以，想要了解一种事物，仅仅从一个角度去看，是远远不够的。

我们必须学会从不同的角度看待事物，这样看问题才会全面。通常可以从以下几个角度看待和分析问题。

1. 肯定的角度

当面对一种具体的事物或观念时，首先肯定它，认为它是好的、正确的。

2. 否定的角度

否定的角度是从对立面思考一件事。

3. 文化的角度

每一个国家或地域都有其独特的文化，在设计中如果能从自身的文化出发，就有可能创作出更有内涵或更有特色的作品。

4. 相同的视角

任何事物与观念之间都有或多或少的共同点，我们在设计时应抓住这些共同点，把许多看似毫不相干的事物联系起来，寻找新的思维创意。

5. 相异的角度

随着市场竞争的加强以及商品的极大丰富，人们选择产品的范围越来越广，这就要求产品必须有特色，这样才能吸引顾客。同样的产品，如果使用的材料不同，就会产生不同的效果。

6. 个性的角度

我们观察和思考问题的时候往往喜欢以自我为中心，在进行设计时也多从自己的想法、自己的需求、自己的喜好等入手。每一位艺术家都有自身独特的个性，这就使他们设计的作品特色鲜明、与众不同。

2.2 创造性思维的形式

创造性思维的形式主要有抽象思维、形象思维、直觉思维、灵感思维、发散思维、收敛思维、逆向思维、正向思维、分合思维、联想思维。

2.2.1 抽象思维

1. 概念

抽象思维就是凭借抽象语言进行的视觉思维活动，它是相对于具象思维而言的，是将认识过程中反映事物共同属性和本质属性的概念作为基本思维形式，在概念的基础上进行判断、推理，从而反映现实的一种思维方式。

2. 案例

德米特里·伊万诺维奇·门捷列夫发现元素周期律，完成了科学上的一个勋业。当时大多数科学家热衷于研究物质的化学成分，尤其醉心于发现新元素。但却无人去探索化学中的“哲学原理”。而门捷列夫却在寻求庞杂的化合物、元素之间的相互关系，寻求能反映内在、本质属性的规律。他不但把所有的化学元素按原子量的递增及化学性质的变化排列成一个个合乎规律、具有内在联系的周期，而且还在表中留下了空位，预言了这些空位中的新元素，也大胆地修改了某些当时已公认了的化学元素的原子量。

2.2.2 形象思维

1. 概念

形象思维是一种表象——意象的运动。通过实践由感性阶段发展到理性阶段，最后完成对客观世界的理性认识。在整个思维过程中，形象思维一般不脱离具体的形象，通过想象、联想、幻想，并伴随强烈的感情、鲜明的态度，运用集中概括的方法进行思维。

所谓表象是通过视觉、听觉、触觉等感觉、知觉，在头脑里形成所感知的外界事物的感知形象——映像。通过有意识的、有指向的对有关表象进行选择和重新排列组合的运动过程，产生能形成有潜质的、渗透着理性内容的新形象，则称意象。形象思维在每个人的思维活动和人类所有的实践活动中广泛存在，具有普遍性。

2. 案例

比如 vegetal chair 的外形设计（图 2-1），这把椅子给人的第一感觉，像是看到了生长的植物，树干的弯曲构成了它的椅座和椅背。我们很容易看出这把椅子是仿生“植物”的形态，但其设计构思并不是植物的外形表象的简单复现，而是设计师根据椅子的功能要求，在上述“植物表象”的基础上，有意识、有指向地进行选择、组合、加工后形成的新形象——即意象。

图 2-1　vegetal chair

2.2.3　直觉思维

1. 概念

作为创造性思维形式的直觉思维，是指主体在已有知识和经验的基础上对事物本质的直接领悟和判断。直觉是一种独特的“智慧视力”，是人类能动地了解事物对象的思维闪念。直觉思维能以少量的本质性现象为媒介，直接把握事物的本质与规律。它是一种不加论证的判断力，是思想的自由创造。

伟大的科学家爱因斯坦认为：“真正可贵的因素是直觉。”他认为，科学创造的原理可简洁表达成：经验 – 直觉 – 概念 – 逻辑推理 – 理论。他说：“我相信直觉和灵感。”

2. 案例

1910 年，德国地质学家阿尔弗雷德·魏格纳偶然发现大西洋两边海岸的轮廓十分吻合，他利用直觉思维，在之后的两年时间内收集资料，验证自己的设想，终于在 1912 年，这位气象学家正式提出关于地壳运动和大洋洲分布的假说——大陆漂移说。

2.2.4 灵感思维

1. 概念

著名科学家钱学森曾说："现在不能以为思维仅有逻辑思维和形象思维这两类，还有一类可称为灵感，也就是人在科学和文艺创作的高潮中，突然出现的、瞬息即逝的短暂思维过程。它不是逻辑思维，也不是形象思维，而是灵感思维，它的时间很短，稍纵即逝。"灵感是人们借助直觉启示对问题得到突如其来的领悟或理解的一种思维形式。它是创造性思维最重要的形式之一。灵感的出现不管在时间上还是在空间上都具有不确定性，但灵感产生的条件是相对确定的。它依赖于知识的长期积累，依赖于智力水平的提高，依赖于良好的精神状态和和谐的外部环境，依赖于长时间的思考和专心的探索。

2. 案例

灵感闪现的诱因是五花八门的，在游山玩水、观景散步等很多时候，都可能会有灵感闪现。德国著名的物理学家赫尔曼·赫尔姆霍茨常常有意识地去登山观景，让大脑得到放松，在一次登山途中，突然灵感出现，使他久思不得其解的难题获得了圆满的答案。德国有机化学家 F. A. 凯库勒在梦境中看见蛇咬着自己的尾巴，形成了一个环，不停地旋转，由此得到灵感，发现了化学中的"苯环结构"。而这个传奇的梦则是源于他经年累月对碳原子的研究。

2.2.5 发散思维

1. 概念

发散思维又称求异思维或辐射思维，是指人在思维过程中无拘无束地将思路由一点向四面八方展开，从而获得众多的解题设想、方案和办法的思维过程。它不受现有知识和传统观念的局限与束缚，是沿着不同方向多角度、多层次去思考、去探索的思维形式。发散思维在整个创新思维结构中的作用十分明显，具有核心作用。

2. 案例

要求被试者在 5 分钟内列出砖的可能用途（答出一种用途得 1 分，答出一种类别得 1 分，有独特性的答案再得 1 分）。

甲的答卷如下：造房、铺路、砌灶、造桥、保暖、堵洞、做三合土、作为支撑物。发散性"个数"指标，即流畅性得 8 分。变更性，即"类别"指标得 1 分，因为全是一种类别——材料，无独特性。总分为 9 分。

乙的答卷如下：造房、铺路、防身、敲击、镇纸、量具、积木玩具、耍杂技、磨成粉末作为颜料。这样，流畅性得 9 分，变更性得 6 分，因类别为：材料、武器、工具、量具、玩具、颜料。而磨成粉末作为颜料、积木玩具有独到之处，得 2 分，共 17 分。说明乙比甲的发散思维水平高。

“孔”结构在实例中广泛应用，利用发散思维，可用“孔”结构解决很多问题。

① 整版邮票用直线“齿孔”将其分隔开来，零售时方便撕下。

② 钢笔尖上有一条导墨水的缝，缝的一端是笔尖，另一端是一个小孔。这个小孔既有利于存储墨水，又为钢笔尖的生产工艺提供了方便。

③ 高帮球鞋两边开有通风孔，有利于运动时散热。

④ 电动机、缝纫机的机头上留一个小孔，便于添加润滑油。

⑤ 防盗门上有小孔，装上“猫眼”能观察门外来人。

2.2.6　收敛思维

1. 概念

收敛思维又称集中思维、求同思维或定向思维，是以某一思考对象为中心，从不同角度、不同方面将思路指向该对象，以寻找解决问题的最佳方案的思维形式。通过发散思维提出各种假设和解决问题的方案、方法时，需要从这些方案中挑选出最合理、最接近客观现实的设想，这时，需要使用收敛思维产生最佳且可行的设计方案。

在收敛思维的过程中，要想准确地发现最佳方案，必须综合考察各种发散思维成果，并对其进行归纳、分析与比较。收敛式综合不是简单的排列组合，而是具有创新性的整合，以目标为核心，对原有的知识从内容到结构上进行有目的的评价、选择和重组。

格式塔心理学派认为，学习知识首先要从整个关系模式中认识事物。在传统教学中，教师在讲授时总是采用分析的方法一章一节地进行。而这种做法的缺陷在于打破了知识体系的整体性，弱化了学生的整合思维能力。

在创造性思维过程中，发散思维与收敛思维模式是相辅相成的，只有二者很好地结合使用，才能获得创造性成果。在现实生活中，发散思维与收敛思维的应用为人们提供了许多解决实际问题的方法。

2. 案例

1879 年，爱迪生点燃了世界上第一盏有实用价值的电灯。1850 年，英国人约瑟夫・威尔森・斯旺就开始研究电灯，获得了以真空下用碳丝通电的灯泡的英国专利，但是他未能让碳丝保持长时间的真空环境。1874 年，两名加拿大的电气技师发现在玻璃泡中充入氦气可以让通电的碳杆发光，爱迪生在购买了他们的专利后进行研究，以极大的耐心和毅力，试验了 1600 多种材料，直到最后才发现用碳化后的日本竹子做灯丝效果最好。从一开始对大量不同材料的实验到最终确定材料，爱迪生不断运用发散思维和收敛思维的方法，才发明了真正的电灯。

2.2.7 逆向思维

逆向思维也称求异思维，是对司空见惯的事物或观点反过来思考的一种思维方式。逆向思维在各种领域和活动中都有适用性，它有多种形式，有性质上对立两极的转换，如软硬、高低等；位置上互换、颠倒，如上下、左右等；过程中的逆转，如气态与液态的转换，电磁转换等。不论哪种方式，只要从一个方面想到与之对立的另一面，就是逆向思维。

1. 反转型逆向思维法

这种方法是指从已知事物的相反方向进行思考，常常从事物的功能、结构、因果关系三个方面进行反向思维。例如，吸尘器的发明采用了功能反转型逆向思维。

2. 转换型逆向思维法

这是指在研究一个问题时，由于某一种手段受阻，而转换成另一种手段，或转换思考问题的角度，以使问题顺利解决的思维方法。

3. 缺点逆向思维法

这是一种利用事物的缺点，将缺点变为可利用的东西，化被动为主动，化不利为有利的思维方法。这种方法并不以克服事物的缺点为目的，相反，它是化弊为利。例如，金属腐蚀会对金属材料造成极大的破坏，但人们可以利用金属腐蚀原理进行金属粉末的生产，或进行电镀。

2.2.8 正向思维

正向思维是按常规思路，以时间发展的自然过程、事物的常见特征、一般趋势为标准的思维方式，是一种从已知到未知来揭示事物本质的思维方法。正向思维虽然一次只对某一种或一类事物进行思考，但它是在对事物的过去提出解决方案，因此是一种不可忽视的指导工作和科学研究的方法。正向思维的特点：在时间维度上与时间的方向一致，随着时间而不断推进，符合事物的自然发展规律和人类认识的过程；认识具有统计规律的现象，能够发现和认识符合正态分布规律的新事物及其本质；面对工作与生活中的常规问题时，正向思维具有较高的处理效率，能取得很好的效果。

2.2.9 分合思维

分合思维是一种把思考对象在思想中加以分解或合并，以产生新思路、新方案的思维方式。例如，将面饼和汤料分离，发明了方便面；将衣袖和衣身分离，设计了背心、马夹；把计算机与机床合并，设计了数控机床……

2.2.10 联想思维

联想思维是一种把已掌握的知识与某种思维对象联系起来，从其相关性中得到启发，从而获得创造性设想的思维形式，是从一个概念联想到有关的其他概念，或者从一个事物联想到有关的其他事物的心理活动。联想的类型有接近联想、相似联想、对比联想等。

接近联想是在时间或空间上相接近的事物或概念之间产生的联想；相似联想是在具有某些方面相似的概念或事物之间产生的联想；对比联想是在具有相反特点的概念或事物之间产生的联想。

习 题

一、填空题

1. 根据思维活动所取得的成果，可以将人的思维方式划分为________和________。

2. 创造性思维的主要形式分别是：________、________、________、________、________、________、________、________、________、________。

3. 所谓表象是通过________、________、________等感觉、知觉，在头脑里形成所感知的外界事物的感知形象——映像。

二、选择题

1. 我们必须学会从（　　）看待同样的事物，这样看问题才会全面。

A. 肯定的角度　　B. 否定的角度　　C. 传统的角度　　D. 相同的视角

E. 相异的角度　　F. 个性的角度

2. 发散思维又称为（　　）。

A. 求异思维　　B. 求同思维　　C. 辐射思维　　D. 正向思维

3. 逆向思维包括(　　)。

A. 反转型逆向思维法　　B. 转换型逆向思维法

C. 缺点逆向思维法　　D. 翻转逆向思维法

三、思考题

1. 请总结一下创造性思维的特点。

2. 请对各种常见的创造性思维形式进行比较。

3. 请运用各种创造性思维方式解读生活中的事物。

第三章

创造原理与创造技法

教学目标

理解各种创造原理和技法的含义；

掌握各种创造原理和技法，并能对产品进行创新设计。

教学要求

知识要点	能力要求	相关知识
迁移原理	了解迁移原理的概念； 理解移植原理下各种技法的运用方式	联想法、类比法、移植法
组合原理	了解组合原理的概念； 理解组合原理下各种技法的运用方式	主体添加法、异类组合法、重组法、系统组合法、产品设计要素矩阵法
逆向原理	了解逆向原理的概念； 理解逆向原理运用的方式	逆向思维
发散原理	了解发散原理的概念； 理解发散原理下各种技法的运用方式	头脑风暴法、设问法（5W2H 法）、检核表法（奥斯本设问法）、缺点列举法
创造活动的过程及其模式	了解创造活动包括哪些过程和模式； 理解各种创造技法在创造活动各个阶段的运用匹配	产品设计过程实质是问题求解的过程

推荐阅读资料

[1] 佐藤大, 2016. 佐藤大：用设计解决问题 [M]. 邓超，译 . 北京：北京时代华文书局 .

[2] 原研哉，2006. 设计中的设计 [M]. 朱锷，译 . 济南：山东人民出版社 .

基本概念

迁移原理：将已获得的知识、技能、方法、观点、态度运用于新问题的解决中。联想法、类比法、移植法均是迁移原理的运用。

组合原理：将已有知识、技术或已发现的事实，从一个新的角度加以重新分析组合。组合法又称系统法则、排列法则，是将两种或两种以上的学说、技术、产品的一部分或全部进行适当组合，形成新原理、新技术、新产品的创造法则。

逆向原理：逆向也称反观，是对司空见惯的似乎已约定俗成的事物或观点反过来思考的一种思维方式。敢于“反其道而思之”，让思维向对立面的方向发展，从问题的反面深入地进行探索，树立新思想，创立新形象。

发散原理：针对某一事物或问题，列出尽可能多的解决方案，并从中作最佳选择。它常运用于头脑风暴法、设问法、检核表法、缺点列举法等。

引例：超市的诞生（逆向思维法的运用实例）

超市的概念是在 20 世纪 20 年代由迈克尔·库伦提出的。当时迈克尔·库伦发现，百货商场里的顾客都是围在柜台前，让售货员拿身后的商品，看后不满意，让售货员拿回去，又让售货员再拿另一件商品，这样反复几次，售货员不耐烦了，顾客也始终挑不到满意的商品。于是迈克尔·库伦运用逆向思维法，提出让顾客自己拿取商品挑选的超市模式，最后这种模式大获成功。

创造性活动不仅要依赖创造性思维，同时也要掌握并正确地运用创造方法和技巧。创造方法和技巧是创造性思维的具体化。常言说，“工欲善其事，必先利其器”，“得法者事半功倍”。这里的“器”“法”对于创造活动而言，就是创造技法。

创造技法是以创造学理论，尤其是创造性思维规律为基础，通过对广泛的创造活动实践经验进行概括、总结、提炼而得出来的创造发明——原理、技巧和方法的总和。创造技法的基本出发点是打破传统思维习惯，克服思维定势和妨碍创造性设想产生的各种消极的心理因素，充分发挥各种积极心理，以提高创造力。下面两个公式表达了创造欲望、基础能力、创造技法、创造思维和创造能力，以及创造技法的探求和运用能力的关系：

创造能力 = 基础能力 + 创造思维 + 创造技法的探求和运用能力

创造成果 = 创造欲望 + 创造能力 + 创造技法

创造技法相当多，均是由创造思维指导引申而来的，所以各种方法和技巧也从属于创造思维，下面将一一论述。

3.1 迁移原理

将已获得的知识、技能、方法、观点、态度运用于新问题的解决中。联想法、类比法、移植法均是迁移原理的运用。

3.1.1 联想法

联想思维是一种把已掌握的知识与某种思维对象联系起来，从其相关特性中得到启发，从而获得创造性设计的思维形式（把不相关但具有相似特性或功能的事物互相启发，取其特性加以利用）。

如图 3-1 所示，设计大师菲利浦 · 斯塔克设计的 Royalton Bar Stool 吧椅，是从水母（图 3-2）的造型联想而来，水母的上部像椅座似的具有一个承托面，下部的细长须状刚好如椅子的腿，更巧妙的是大师把吧椅搁脚的地方设计得就像芭蕾舞蹈演员的脚（图 3-3），但大师对于水母和舞蹈演员脚部的模仿都是经过形象的高度提炼，而不是仅仅照搬其形态。现代的皮革和金属材质，使这款吧椅不仅充满趣味，又极具现代感。

图 3-1　Royalton Bar Stool 吧椅

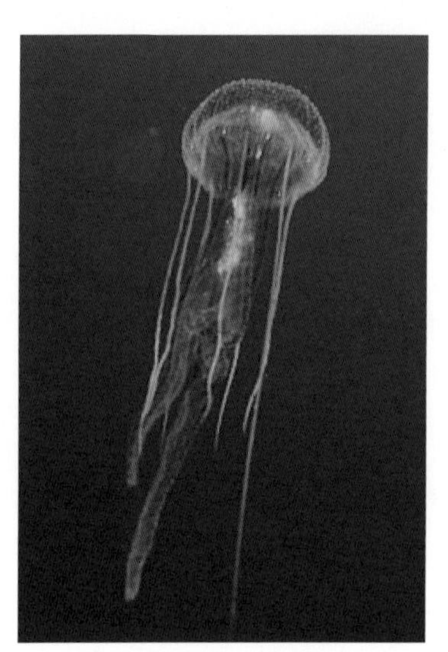

图 3-2　水母

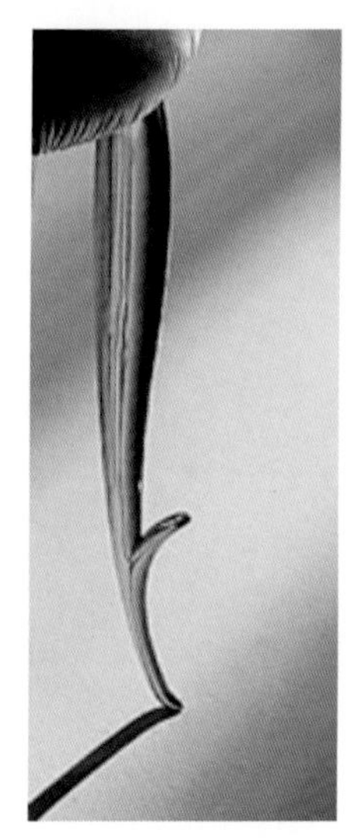

图 3-3　Royalton Bar Stool 吧椅椅腿

3.1.2　类比法

类比法是指依据两个对象之间存在的某种类似或相似的关系，从已知这一对象的某种性质而推出另一对象具有的相应性质的推理过程。

1. 因果类比法

因果类比法是指根据两种事物（例如 A 与 B）共有的属性，A 与 B 各自的属性之间可能存在同一种因果关系，人们根据 A 事物的因果关系，类比出 B 事物的因果关系的方法。

例如，鲁班爬山的时候被锯齿状的野草割伤手，引发其灵感设计制作了锯，大大提高了生产效率。鲁班就是运用了因果类比法，通过野草的锯齿会割手这一特性发明创造了锯。

2. 直接类比法

直接类比法是指将求解对象直接与类似的事物或现象进行比较，由此获得启示并激发新的创意的方法。

例如，肌理、色彩的仿生。

仿生也是联想类比法的一种，如图 3-4 和图 3-5 所示，士兵的迷彩服就是与自然界的变色龙进行了类比仿生，变色龙在自然界为保护自己而使身体的色彩随环境而变化，从而达到隐藏自己的目的，士兵在打仗时如果衣服能与周边环境融为一体，也能达到隐藏自己不被敌人发现的目的，所以就产生了迷彩服的设计。

图 3-4　变色龙

图 3-5　士兵的迷彩服

3.1.3 移植法

移植法实质上是各种事物的技术和功能之间的相互转移。技术和功能的转移是通过事物的原理、结构、材料和方法的移植而实现的。因此，移植法可分成移植原理、移植材料、移植结构和移植方法。

1. 移植原理

移植原理是指利用已有的（或新发明的）原理功能开发其新领域或新用途。既有事物的原理与功能在新领域的新用途一经被发现或开辟，只要赋予其新的结构、新的材料，或新的制造工艺，就会发明创造出新的产物。

例如，哈根达斯冰激凌火锅。

哈根达斯是著名的冰激凌品牌（图 3-6 至图 3-8），其运用移植原理，把火锅的吃法移植到冰激凌的吃法上，创造出著名的冰激凌火锅，为其获取了丰厚的利润。一般的火锅是锅里放汤，下面加热，然后把食物放进锅内涮，熟透后取出食用，而冰激凌火锅的“锅”内盛放的是巧克力，陶瓷小锅底部用一支蜡烛加热，把冰冷的冰激凌往热巧克力里一浸，热巧克力遇冷就会在冰激凌表面结成一层脆皮，吃起来口感非常新奇美妙。通过对一般火锅吃法的模仿，创造出冰激凌的趣味新吃法，使哈根达斯冰激凌火锅受到人们的喜爱，这就是“移植原理”的力量。

图 3-6　冰激凌火锅

图 3-7　粘了巧克力的冰激凌

图 3-8　正在加热的巧克力

2. 移植材料

移植材料是指通过变革原有产品的材料，达到新的使用功能及使用价值。

例如，宝马 Gina 布面概念车。

宝马曾运用一种韧性特强的布来代替轿车的金属外壳，形成一种特殊的布面车，通过该材料的移植，使车身重量大大减轻，同时也减少了油耗，达到了环保的目的。宝马 Gina 布面概念车如图 3-9 所示。

图 3-9　宝马 Gina 布面概念车

例如，果汁包装盒。

图 3-10 所示的 3 款果汁包装盒，从色彩、材质与造型上移植草莓、香蕉和猕猴桃的特征，使普通的包装盒显得生动有趣，让人过目不忘，这也是一个移植材料的成功案例。

图 3-10　果汁包装盒

3. 移植结构

移植结构是指对某种物品的结构未经实质性的改进，应用在产品设计中的方法。

例如，蜂窝是严格的六角柱形体。它的一端是六角形开口，另一端则是封闭的六角棱锥体的底，由三个相同的菱形组成。18 世纪初，法国学者马拉尔奇曾经专门测量过大量蜂窝的尺寸，令他感到十分惊讶的是，构成每个蜂窝底的三个菱形面的角度大小是一样的：钝角为 109°　28′，锐角为 70°　32′。后来经过法国数学家克尼格和苏格兰数学家马克洛林从理论上的计算，如果要消耗最少的材料，制成最大的菱形容器，采用的正是这个角度。从这个意义上说，蜜蜂称得上是“天才的数学家兼设计师”（图 3-11）。因这种结构非常坚固，故被应用于飞机的机翼及人造卫星的机壁。而在人们的日常生活中，蜂窝结构被广泛用于蜂窝纸板（图 3-12）。

图 3-11　蜂窝结构

图 3-12　蜂窝纸板结构

蜂窝纸板的主芯结构是蜂窝纸，它是根据自然界蜂窝的结构原理制作的，是把瓦楞原纸用胶黏接，形成无数个空心正六棱柱，形成一个整体的受力件——纸芯，并在其两面黏合面纸而成的一种新型夹层结构的环保节能材料。蜂窝纸板强度高、质轻、隔热、隔音，特别适合作为建筑、装饰材料等。它重量轻，可减少建筑的自重，所以对于正在推广的框架轻板结构的高层建筑尤为适用。可以看出，蜂窝纸板和蜂窝技术在建筑方面的应用潜力是巨大的。

4. *移植方法*

移植方法是指对原产品引进新的加工或制造方法（广义，引进思维方法、观察问题方法、计算方法等）。

思路：① 移植方法→解决问题

由某事物→究其方法→解决问题→植往对象

② 解决问题→移植方法

待解问题→寻同类已解问题→究其方法→可否移植

3.2　组合原理

组合法——将已有知识、技术或已发现的事实，从一个新的角度加以分析与组合。

组合法又称系统法则、排列法则，是将两种或两种以上的学说、技术、产品的一部分或全部进行适当结合，形成新原理、新技术、新产品的创造法则。

组合创造是无穷的，主要有以下几种方法。

3.2.1 主体添加法

主体添加法也称“模块组合”，就是在原有思想、原理、产品结构、功能等的基础上，补充新的内容。

图 3-13 所示即主体不变，在其基础上不断添加功能模块（a、b、c、d），便可使其成为多功能产品。

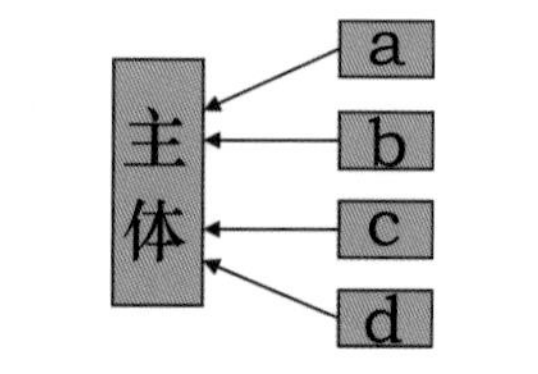

图 3-13 主体添加法示意图

例如，瑞士军刀。

瑞士军刀的刀柄是主体，在此基础上添加各种各样功能的模块，如图 3-14 所示的瑞士军刀比图 3-15 所示的瑞士军刀模块要多，功能也更强大。

图 3-14 瑞士军刀 1

图 3-15 瑞士军刀 2

例如，多功能铲。

图 3-16 中是一种救灾用的多功能铲，铲柄是主体，其他的模块只要更换铲头部分便可，这样的设计可以减少救灾时的运输负担，提高运输效率。

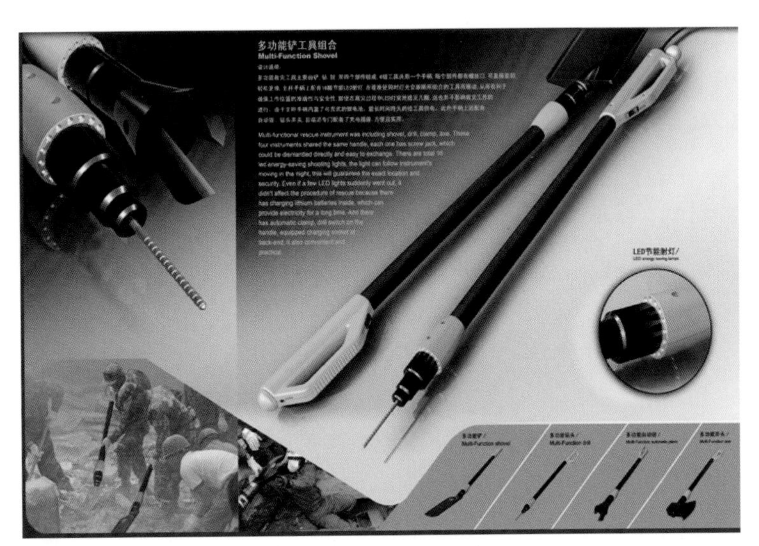

图 3-16 多功能铲

3.2.2 异类组合法

两种或两种以上不同领域的思想、原理、技术的组合，为异类组合法。异类组合法创造性较强，有较大的整体变化，示意图如图 3-17 所示。

图 3-18 是一辆造型新颖奇特的汽车，我们之所以觉得它新奇，是由于其不同寻常的造型。它的外观像一部手机，手机跟汽车是两种不同领域的产品，将两者进行组合，打破了传统的汽车造型，让人耳目一新，这就是异类组合法的力量。

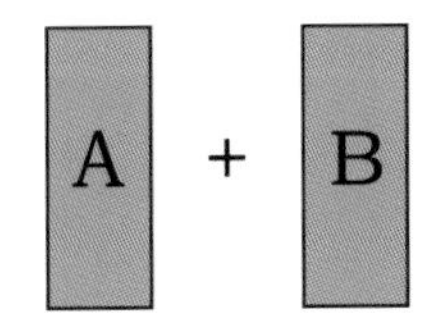

图 3-17 异类组合法示意图

图 3-18 造型新颖独特的汽车

图 3–19 是一款晾书架型茶几，设计师发现一般的茶几，无论桌面上，或是桌面下的搁架，都总会很容易堆满报纸和书籍，这样既不美观，也会造成书籍凌乱，难以寻找，于是他把茶几的功能与晾衣架的功能组合起来，书籍可以像晾衣服那样搁在铁架子上，这样书脊都朝上，不但方便查找，而且美观，同时铁架还可以像书签般记录看到哪一页。茶几表面的承托板可以左右滑动，方便使用，通过异类组合法的运用，使整个茶几造型新颖、实用、美观。

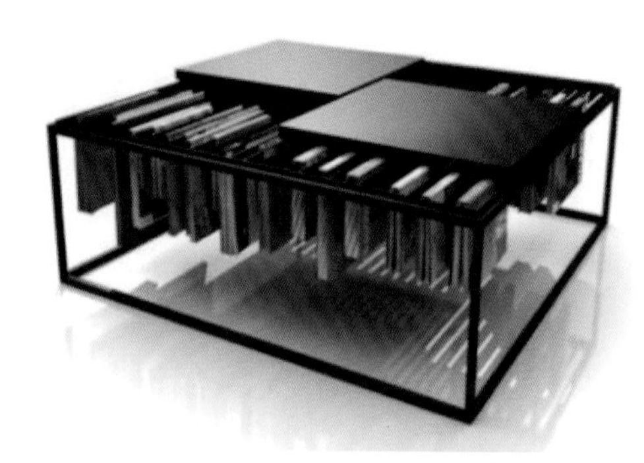

图 3–19　晾书架型茶几

3.2.3　重组法

重组法是指将研究对象在不同层次上进行分解，再以新的意图重新组合。重组法能有效地挖掘和发挥现有科学技术的潜力，示意图如图 3–20 所示。

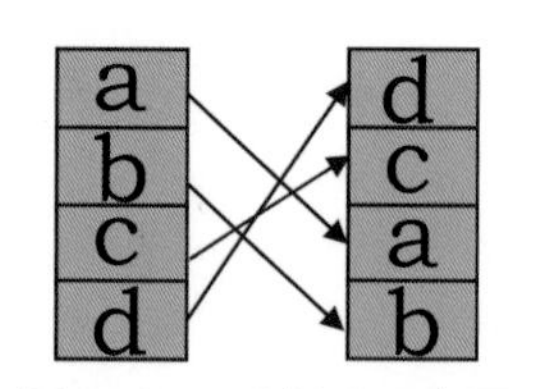

图 3–20　重组法示意图

我们蒸煮食物时，通常都是把锅放在炉灶上，加热源在锅下，这样煮东西时如果粥水溢出，会直接洒在炉灶上，产生安全隐患，同时炉灶也难以清洁。热波炉是一种新型煮食器，其构造运用了重组法，把加热源置于锅盖上，煮东西时，即使溢出在桌面上，也不会有安全隐患，桌面也易于清洁，如图 3–21 所示。

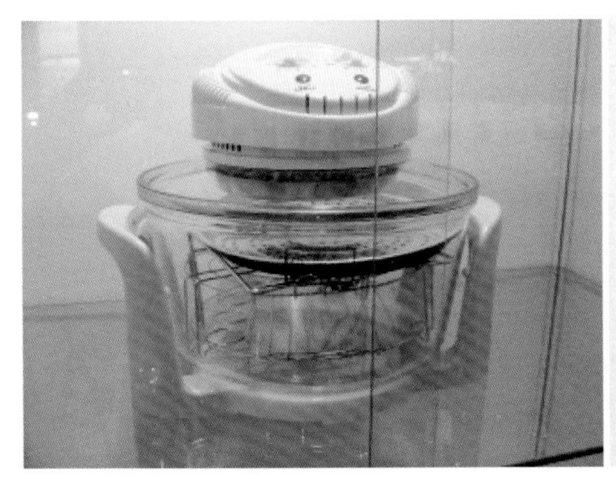

图 3–21　热波炉

3.2.4　系统组合法

系统组合法也称形态分析法，是通过系统的分解或组合获得不同方案的一种方法，其基础是形态学矩阵。这种方法的基本步骤如下。

① 叙述问题，即明确要解决的问题属于什么性质。

② 列举有关这个问题的独立因素（或组成）。

③ 充分列举每一种独立因素中的可变元素（形态分析）。

④ 按解决问题的要求，将各因素的不同元素（形态）进行排列组合，以获得各种可能的方案（形态组合）。

⑤ 评价和优选。

例如，开发新型冰箱。

见表 3–1，把冰箱的各项要素用图表方式一一列出，然后进行组合，如方案一：制冷系统选用“压缩式”，结构式样选用“双门式”，颜色选“淡蓝”，用料选“混合”，电气控制选“电动机”，则表 3–1 中红线所示的为第一种组合，蓝色线所示的为第二种组合，按照这样的方式类推，就可以得到很多种组合方案，最后按市场需求等限定因素筛选出合适的方案。这种组合方法的好处是：① 采用图解方式，使各种组合方案全部显示，比其他创造技法更有用；② 可避免先入为主的影响，避免遗漏；③ 可运用计算机分析。

表 3-1　开发新型冰箱的各要素矩阵表

因素＼形态	1	2	3	4	5
制冷系统	压缩式	吸收式	半导体式		
结构式样	单门式	双门式	对开门壁柜式	可移动式	冷冻式
颜色	奶白	淡蓝	淡绿	米黄	
用料	铝	塑料	混合		
规格(升)	75	100	150	250	300
电气控制	电动机				

3.2.5　产品设计要素矩阵法

产品设计要素组成(发散点)：

产品自身要素——功能、造型、结构、材料、加工工艺……

产品外部要素——使用环境、使用过程、目标消费群、竞争产品、社会环境……

1. 产品设计自身要素细分与展开

① 功能：产品功能是什么? 能否增加、减少，或改变?

② 造型：形状、色彩、表面装饰；列举原产品每一种可能的形状，能否增加(高、厚、大、重)，能否减少(短、薄、小、轻)，或改变?

③ 结构：列举原产品每一个结构细节，考虑能否简化或改变?

④ 材料：列举原产品每一部分的材料组成，考虑能否节省、替换或改变?

⑤ 加工工艺：列举原产品每一部分的加工工艺，考虑能否实施或改变?

2. 产品设计外部要素细分与展开

① 使用环境：列举产品可能使用的不同环境，分析原产品在可能使用的不同环境中存在的缺陷，形成新产品的设计目标。

② 使用过程：列举产品使用过程中的每个环节，分析原产品在整个使用过程中存在的缺陷，形成新产品的设计目标。

③ 目标消费群：按性别分，按年龄分，按收入分，按文化分，按性格爱好分……

④ 竞争产品：竞争产品情况，可对比竞争产品之间的产品要素及价格等。

⑤ 社会环境：政府政策法令、公众舆论、环保要求等。

3. 组成产品设计要素矩阵

在列出的各项产品设计要素中筛选出有发展前景的要素（潜力要素），列成二元或多元矩阵并进行组合，选出有效组合，删去无效组合，从有效组合中筛选、评价出最有发展前景的组合，形成新的产品概念基础，如图 3–22 所示。

图 3–22　产品设计要素矩阵法示意图

例如，手表的设计要素。

如图 3–23 所示，手表的自身设计要素可细分为表带、表面、表身、表盘、刻度、指针、影像（即表盘里面的图案）。

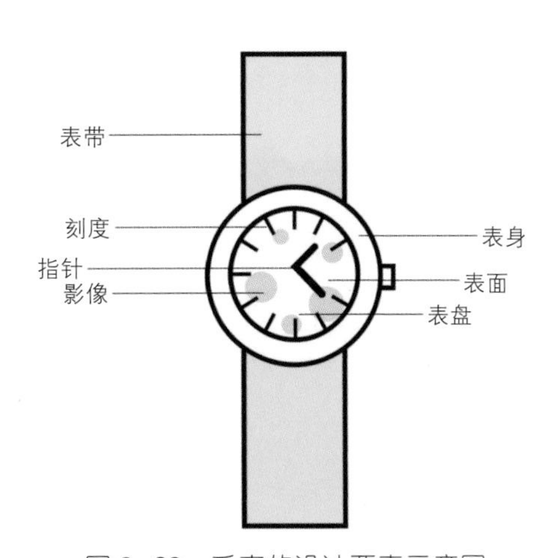

图 3–23　手表的设计要素示意图

如图 3–24 所示，单从表身的设计来展开，就有各种各样的方式，在这里只举了 6 个例子，有长方形、圆形、8 字形、八边形等。依此类推，如果其他要素不变，光是表身的

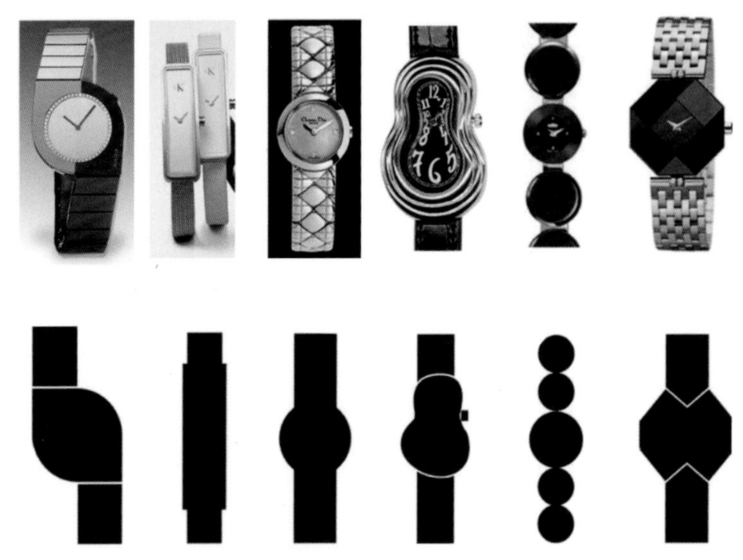
图 3–24　表身的设计举例

创新设计就有成千上万种方式；如果其他要素也一起变化，设计方案则不计其数。

如图 3–25 所示的手表刻度不同于一般手表的设计，显得新颖而有趣。

如图 3–26 和 3–27 所示，分别是无指针和无刻度的手表设计。图 3–26 以整个转盘和圆点代替指针，而图 3–27 的表则是把表身的十二边形代替 12 个刻度，手表设计构思巧妙，简洁而极具现代感。

图 3–25　刻度的创新设计

图 3-26　无指针的设计

图 3-27　无刻度的设计

图 3-28 的三块表分别用了三种不同材质：第一块表用了透明的塑料材质，表身处特意裸露结构原件，呈现一种机械美；第二块表的表带用了毛茸茸的材质，触感柔和；第三块表用了尼龙布材质，把表带与表身一起包裹起来，像有意隐藏时间，带有一种特殊的运动感。

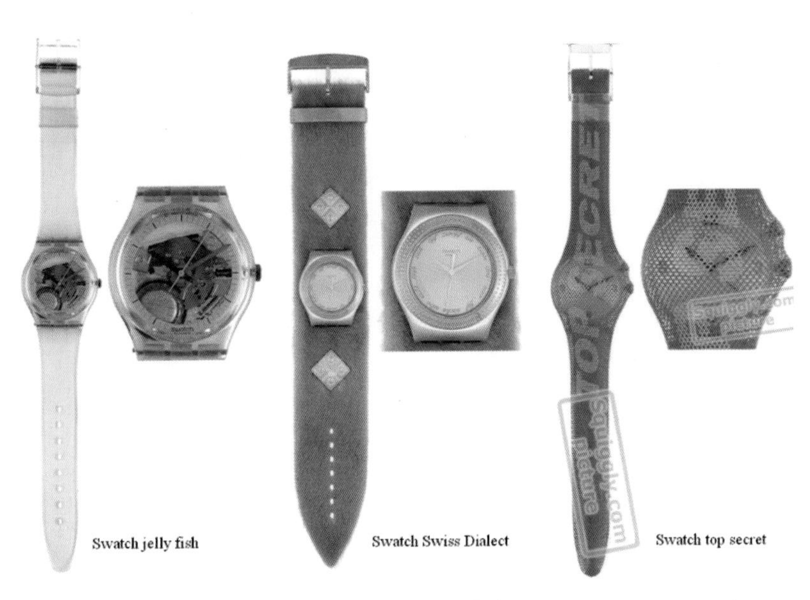

图 3-28　材质设计

图 3-29 是几款表带的设计，有手镯形的，有手链形的，有与表身统一为圆形的，各具特色。

图 3-30 是“产品外部设计要素”中的表与身体的关系要素，运用发散思维，可以考虑表除了戴在手上，还可以挂在脖子上，别在胸前衣服上，戴在手指上，甚至系在腰间，各种创造性的想法使表的创新设计增加了更多的可能性。

例如，“为坐而设计”大赛获奖椅子——小小搬运工（图 3-31）

图 3–29　表带的设计

图 3–30　表与身体的关系

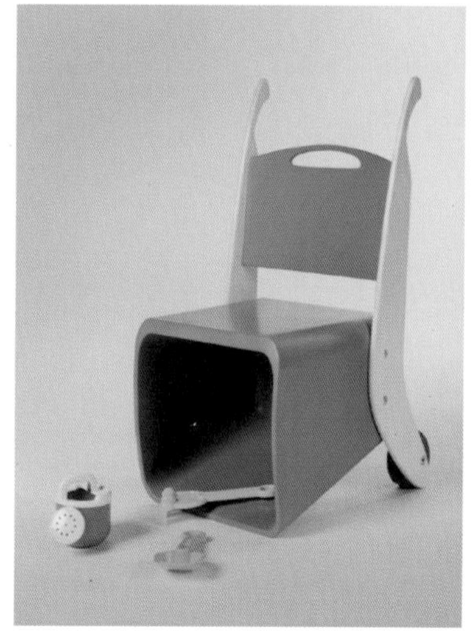

图 3–31　设计作品：小小搬运工

本设计运用了“产品外部要素”中的“目标消费群”方法，设计师在设计时深入分析了“为坐，为谁而作？”这个命题，坐具本身承载着“坐”这个功能需求，自然是要为人服务的，所以“为坐”最终还是“为人”而进行的设计。说到人，从设计层面来理解，即给谁用、怎么用、怎样才能好用；从商业层面来理解，则要考虑东西做出来给谁用、卖给谁、怎么卖。这款产品是专门为小朋友设计的家具，除了圆润可爱的造型和俏皮的颜色之外，还特别赋予其收纳玩具及便于移动的功能，使孩子们可以随意地把椅子和玩具“伙伴”带到任何地方。

此外，本设计还运用了“产品外部要素”中的“使用过程”分析法，探究人在生活中两种或两种以上的行为对设计的影响：既要满足“坐”的行为要求，同时还伴随工作、学习、游戏、娱乐、移动、运动、睡觉、休息……将这些行为的实现构建在“坐”的基础上，如“坐与睡”“坐与工作”“坐与吃”“坐与玩”等，将坐与其他行为巧妙地结合在一起，形成一件作品。这件设计作品也是在该思维方法的启发下形成的设计成果，充分体现了“坐与玩”的功能要求。

3.3　逆向原理

逆向也叫反观，是对司空见惯的似乎已约定俗成的事物或观点反过来思考的一种思维方式。敢于“反其道而思之”，让思维向对立面的方向发展，从问题的反面深入地进行探索，树立新思想，创立新形象。

3.4　发散原理

针对某一事物或问题，列出尽可能多的解决方案或特性，并从中作最佳选择，常运用于头脑风暴法、设问法（5W2H 法）、检核表法（奥斯本设问法）、缺点列举法等。

3.4.1　头脑风暴法

头脑风暴法是一种激发群体智慧的方法。它在技术革新、管理程序及社会问题的处理、预测、规划等领域中得到广泛应用。

1. 准备阶段

以召开小型会议（一般 5 ～ 15 人）的方式进行。在会前确定好将要攻克的目标，目标确立后，推选一人来主持，再选一人做记录，把提出的设想写在黑板上或纸上。

2. 召开会议

主持人宣布议题后，即可启发、激励大家提出设想。会议一般要遵守以下原则。

① 自由奔放原则——不受任何固有观念约束，哪怕是违背逻辑、准则的思考。

② 严禁批判原则——即使是错误的、荒诞离奇的设想，也不得驳斥，也不许自我批评。

③ 追求数量原则——会议以获取尽量多的设想为目标。

④ 借题发挥原则——与会者可以充分得到别人的启发，在别人设想的基础上引申、改进、综合，提出更新奇的设想。

3. 补充、整理和评价

在讨论畅谈阶段，要将所有设想编号并记录下来。会后，主持人或记录人应进一步收集新设想，因为会议后的放松，可能又有新的设想产生。接着就要对设想进行整理和评价。评价的目标是筛选有价值的设想，所以事先应有明确的评价指标，主要包括两部分：一部分是科学上、技术上的“内在”指标；另一部分是生产、市场（用户）的“外在”指标。前者主要衡量设想在科学上是否有根据，在技术上是否先进和可行；后者主要衡量设想实现的现实性、是否能满足用户的需求。评价人员一般以 5 人为宜，既可委托专家进行，也可由设想的提出者组成，但其中应包括对问题本身负有责任的人员。

以上列举了头脑风暴法会议的一般程序。在具体运用时，可根据情况灵活掌握。每次会议不超过 1 小时，一般以 45 分钟为宜。

头脑风暴法的优点如下。

① 与会者能面对面直接进行思维碰撞。

② 信息传递和交换迅速、及时。

③ 发言不受约束，自由探讨的气氛浓厚，相互激励强度大。

④ 与会者在情绪上能相互感染，使每个人都热情奔放，并有良好的心境，易激发灵感。

这种方法也有某些局限性，如对于喜欢沉思而语言表达不强的人，这种方法不太适用；每个人发言的机会不均等，会议容易受外向型性格人的控制，等等。

头脑风暴法可适用于设计工作的任何一个环节中，尤其在产品规划、方案构思、功能开发、外观设计等阶段。适当采用这种方法，可以大大拓展设计人员的思路，提高设计工作的创造性水平。实践表明，有时一次会议可产生上百条设想，比一般方法多 70% 左右。日本松下公司采用这种方法，在 1979 年一年内即获得 170 万条新设想。日本著名创造工程学家志村文彦将这一方法用于价值革新中，1975 年使日本电气公司获得 58 项专利，降低成本约 210 亿日元。

3.4.2　设问法

设问法可围绕老产品提出各种问题，通过提问发现原产品设计、制造、营销等环节中的不足之处，找出应该改进的点，从而开发出新产品。

这是一种以系统提问方式打破传统思维的束缚，扩展设计思路，提高人们创新性设计能力的方法。

工业技术产品都是人类利用自然物质经过改造加工而创造出来的。由于人类的生产活动受历史条件、生产水平、科技发展、自然资源等各种因素的影响和制约，因此在一定时期内人类已经创造出来的产品不可能都尽善尽美。况且，人类还需要不断创造出目前尚不存在的新产品。但是，已有产品在材质、结构、功能、形态等方面的成功，往往会使人们产生一种习惯性固定看法，妨碍着人们对已有产品的改进、完善，以及对新产品的开发、设计。为了突破原先的框框，摆脱自我束缚，扩展思路，采用设问法是行之有效的。

设问法基于以下一些基本原理。

① 世界上不存在不能加以改进的人工制品。

② 怀疑是进步的阶梯，怀疑已有产品的完善性是改进老产品、创造新产品的前提。

③ 提问可以开启人类智慧的大门，引起人们的思考和想象，激发创造冲动，拓展创造思路。

① Why　　为什么

② What　　做什么

③ Who　　为谁

④ When　　何时

⑤ Where　　何处

⑥ How to do　　怎样做

⑦ How much　　多少

这种设问法可以适用于任何工作。对于不同性质的工作，其发问的具体内容也不同。在发问时，可以将其中任何一问具体化。例如，设计人员接受设计任务后，可以采用这种方法加深对设计实质、边界条件的理解，扩展并确定收集信息、文献的范围，制订设计工作的实施计划。

① Why——为什么要设计这种产品？为什么要用这种结构？明确目的、任务、性质。

② What——这种产品有何功能？有哪些方法可用于这种设计？已知的，需创新的，……

③ Who——这种产品的用户是谁？谁来完成此设计？是自己单独干还是成立设计小组？……

④ When——什么时候能完成此设计？最后限期定在何时？设计何时开始、何时结束、何时鉴定？

⑤ Where——该产品用在什么地方？哪个国家？哪些行业？哪个部门？在何地投产？

⑥ How to do——怎样设计？结构如何？材料如何？颜色如何？形状如何？

⑦ How much——生产多少？是批量还是单件？

如此逐一提问并层层分解，就可以“吃透”任务，使设计工作很快进入实质性阶段。

3.4.3 检核表法

为了扩展思路，美国创新技法和创新过程之父亚历克斯·奥斯本建议从不同角度发问。他把这些角度归纳成 9 个方面，并列成一张目录表，称为奥斯本检核表法。这种方法可结合不同问题进行，如果是针对研制新产品，可逐一检查、讨论并试图回答以下问题。

1. 转化

这种产品能否有其他功用？或稍加改动有无其他用途？每种产品都有特定的功用，但并不限于只有一种用途。通过发问，突破现有产品功能的专一性，就可以发现其新功能。例如，把电熨斗稍加改造制成烙饼机；把理发用的电吹风机制成被褥烘干机；等等。

2. 引申

有无其他与此类似的产品？是否可以从这种产品引申出其他产品？是否可用其他产品模仿此产品？通过这种发问，有助于引起联想、类比、模拟、移植等思维过程，产生新的发明、设计角度或方法。例如，由人脑引申为电脑（联想）；由苍蝇的复眼构造引申为制造复眼式照相机（类比与模拟）；由香蕉皮易滑，通过微观结构研究，发现其为多层片状结构，由此联想到二硫化钼、石墨等也为多层片状结构，因而设想可将二硫化钼、石墨等用作润滑剂；泌尿科医生将爆破技术用于消除人体内的结石（移植）。

3. 变动

能否对产品进行某些改变？改变什么？是颜色、结构、形状还是加工工艺？改变后会有何结果？这种发问，可以使人从传统的既定事实中解放出来，增加产品的品种和系列化程度。设计中的改型设计就属于此类方法的运用。例如，1898 年亨利 · 丁根将轴承中的圆柱改为圆球，发明了滚珠轴承。

再如 2004 年奥迪为电影《机械公敌》特意设计的奥迪 RSQ 概念车（图 3–32），把传统的 4 个车轮换成 4 个球体，使整车除了可以前、后行驶外，还可以像螃蟹那样左右横着行驶，非常炫目，该车也是用了“变动”的设计方法。

图 3–32　奥迪 RSQ 概念车

4. 放大

这种产品能否放大？放大后能改变其性能吗？附加一些其他功能，或高一些、长一些、厚一些能行吗？例如，在收音机上附加钟表的结构，可做成钟控定时收音机。如图 3–33 所示，是一款附加了储钱罐功能的数码相框，使数码相框不再只是单一的显示功能，而且每次把硬币投进相框里时，画面都会显示一幅金币图片，还伴有“当啷啷”的模拟硬币掉落的声音，使存钱充满趣味感。

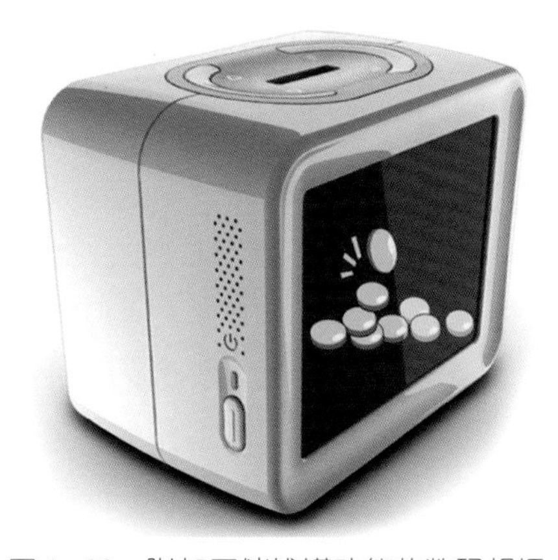

图 3–33　附加了储钱罐功能的数码相框

5. 缩小

这种产品能缩小吗？使之变小、浓缩、压缩、降低、变低、变轻、变薄、变短会如何？例如电子产品的小型化、集成化等。

6. 颠倒

这种产品可否颠倒使用？正反颠倒、上下颠倒、左右颠倒、前后颠倒会有何影响？能满足设计要求吗？例如，将风扇前后颠倒使用就变成了排气扇。

7. 替代

有无其他产品可以代替这种产品或者部分代替？改用其他材料、动力、工艺能行吗？这种方法实质上是一种异质同化提喻法。有些产品，通过替代就可以大大降低成本，推陈出新，扩大市场销路。例如，全塑汽车、用陶瓷材料制造汽车发动机等。

8. 重组

零件能否互换？改变一下装配顺序、设置方法，调整内部结构，转换因果联系等可以吗？

9. 组合

现有的几样东西能否组合到一起？如何组合更好？采用整体组合或零部件组合、功能组合、材料组合、原理组合等可以吗？组合就意味着创新。事实上很多新产品单就其中的一部分而言都是已有技术，但组合在一起就体现出了新的功能。如图 3–34 所示，放大镜和镊子各自都是已有技术，组合在一起就成了一种可以夹取微小东西的特殊镊子。

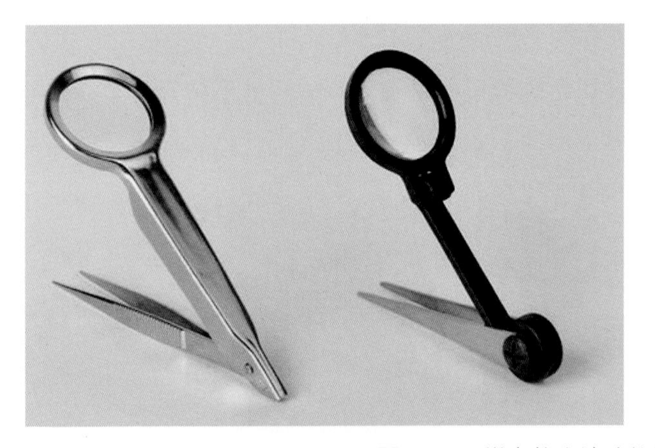

图 3–34　带有放大镜功能的镊子

利用上述检核表法，既可以针对一种产品从 9 个方面提问，也可以只从一个方面层层发问。无论哪种方法，都可以得到许多新的设想方案。然后在分析各种方案的基础上，加上设计的约束条件，从中优选出一种或多种方案，安排实施，就可以开发出新产品来。

3.4.4　缺点列举法

怎样使用缺点列举法：

① 针对存在的问题提出缺点。

② 分析产生缺点的各种原因。

③ 根据产生缺点的原因，提出解决办法。

④ 综合各种解决办法，写出解决主要缺点的方案，可采用智力激励会的方式或其他方式。

缺点列举法流程图如图 3–35 所示。

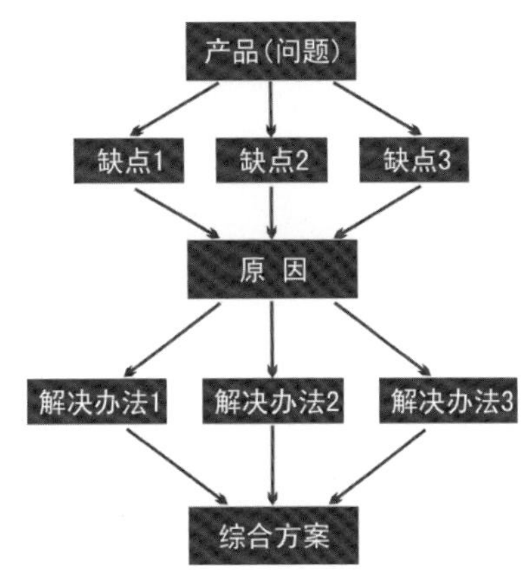

图 3–35　缺点列举法流程图

例如，肥皂盒缺点列举

目前市面上的肥皂盒存在很多问题，运用缺点列举法，可以列出以下缺点：①盒子内残留的水渍不易清除；②残留的水渍会污染台面；③肥皂与盒内支承面之间会残留黏液；④肥皂从盒中取出不方便；⑤开盖使用时，盒盖占地方。

根据以上列出的缺点分析原因，然后再根据原因提出解决办法，最后再优选方案，整个过程如图 3–36 所示那样展开，得出的解决方案如图 3–36 所示。

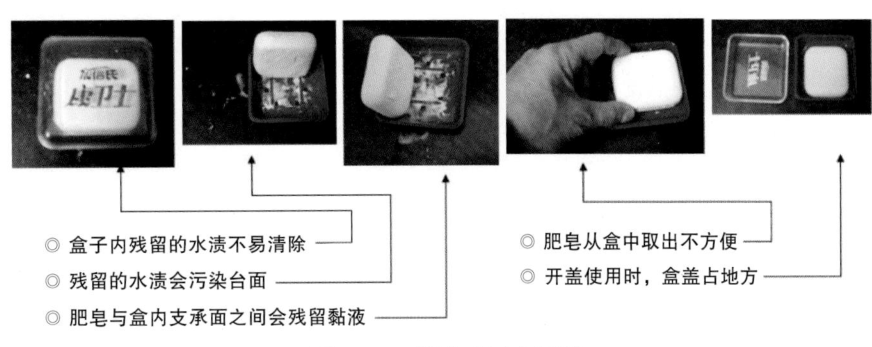

图 3–36　肥皂盒缺点列举

图 3-37 是获得日本“G-Mark”标志奖的肥皂盒设计，较好地解决了市面上的肥皂盒存在的问题，但仍然有改进的空间，如当肥皂越用越小时，就难以从盒内取出了，设计永远有改进的空间。

图 3-37　日本获“G-Mark”标志奖产品

再如图 3-38 所示，目前市面上尺子的刻度数都是从左到右的，当我们某些时候想从右到左量就不适用了，针对这个缺点，图 3-38 中的尺子将中国文字中的偶数二、四、六、八、十设置为左右对称的形式，作为尺子的刻度数字，这样正、反两面都有数字，使用起来就更方便了。

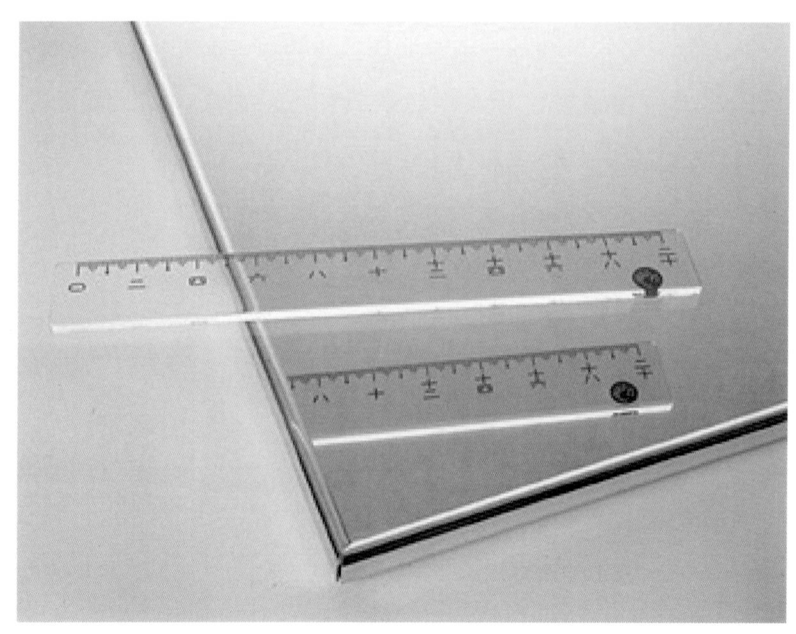

图 3-38　正反面均可用的尺子

3.5 创造活动的过程、模式及技法运用

3.5.1 创造活动的过程、模式

1. 发现问题是创造的基础起点

(1) 社会需要、人类希望、事物缺陷是发现问题的基点。

“一项构思的产生，是发现某种客观需要和得到技术解决办法两者的结合。”

——美国麻省理工学院李跃滋教授

(2) 问题意识是发现问题的原动力。

① “认识到某种社会需要”是创新过程的第一阶段。需要乃发明之母。

② 优化意识，即对现状破坏后，需改造、优化方案。

③ 过程意识，即必须实现过程，对创造性设想方案组织实施。

2. 提出问题是创造活动的首要环节

创造活动的首要环节是如何正确地提出问题，即选择课题。

选择课题的 4 项原则：① 需要与实用性原则（需要是前提，实用是目标）；② 创造性原则；③ 科学性原则；④ 现实可能性原则。

课题的形成和选择，无论作为外部的经济技术要求，还是作为科学本身的要求，提出课题是研究工作中最复杂的一个阶段。一般来说，提出课题比解决课题更困难，所以，评价和选择课题，便成了研究战略的起点。

选题决定创造活动的方向、目标和意义，而且指明了创造活动技术的、知识的、专业的范畴。创造题目抉择的正确与否，直接关系着发明或革新的创造效果。

3. 认识问题是创造活动的基本功力

① 调查研究：收集资料。

② 深入思考：在拥有资料和专业知识的基础上，运用创造技法，进行有层次的科学思维。

③ 产生创造性设想。

4. 解决问题是创造活动的关键

解决问题是在筛选大量创造性设想基础上运用逻辑推导的方法，检验设想的科学性、合理性、严密性；利用实验的方法，探讨设想的可行性，最后证明将设想变成现实的可能性。

（1）提出假设

发现、提出、认识问题是为了解决问题，而解决问题的关键是找出实施创造性设想的方案——即实施的原则、方法、程序和途径。实施方案往往先以假设的形式定下来。

（2）检验假设

解决问题的最后一步是检验假设，人在解决问题的过程中所提出的假设或设想正确与否，准确程度如何，这些都必须通过实践加以检验。

3.5.2 创造活动中的技法运用

产品设计过程实质上是问题求解的过程，产品设计程序也就是求解的次序，基本都遵循“发现问题→分析问题→解决问题”的思维模式。

① 发现问题可用头脑风暴法、缺点列举法、检核表法、产品设计要素矩阵法等。

② 分析问题可用一般逻辑分析、综合、推导方法；检核表法；产品设计要素矩阵法；等等。

③ 解决问题可用检核表法、产品设计要素矩阵法、形态分析法、常用创意思路启示法、移植技法、头脑风暴法等。

设计技法练习作业一：

寻找日常生活中的创新产品，分析它大概运用了哪些技法，并对其进行综合分析。

【作业范例】

如图 3-39 和图 3-40 所示，本作业范例选取了一辆与公文包结合的折叠单车作为对象，分析了其所用的是“异类组合法”，分析较准确，但除此之外，还运用了“产品设计要素矩阵法”中“产品设计外部要素”的“使用过程”分析法，深入研究了使用过程中公文包不好拿的问题，运用异类组合法进行了设计。

通过以上的作业训练，可以测试学生对上述设计技法的掌握程度。

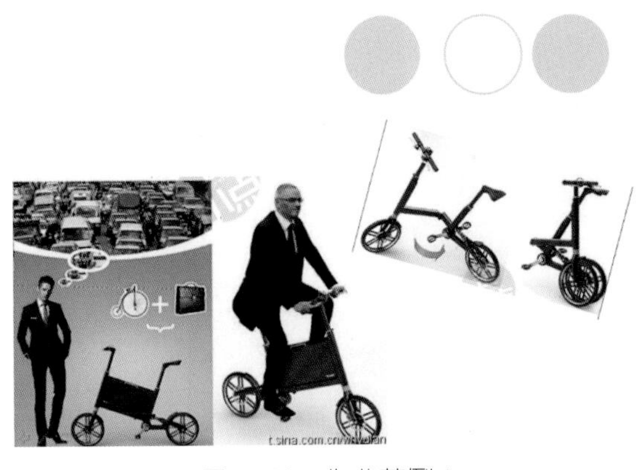

图 3-39　作业范例 1

图 3-40　作业范例 2

设计技法练习作业二：

找一种熟悉的物品，运用缺点列举法对其进行分析，形成设计目标体系，并提出解决方案。作业范例如图 3-41 至图 3-45 所示。

公共电灯和电风扇的开关

在我们日常生活中，烦琐的事太多了，连个开关都要想一下是哪个对哪个的，往往让人感觉到烦恼！

下面介绍一种帮助大家轻松解决开关问题的方法。

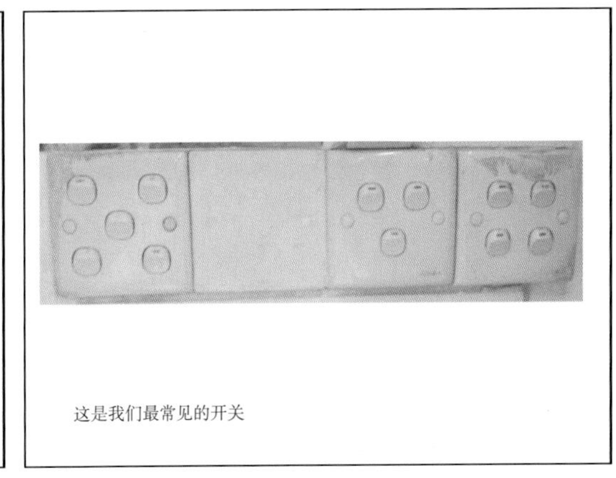

图 3-41　作业范例 1

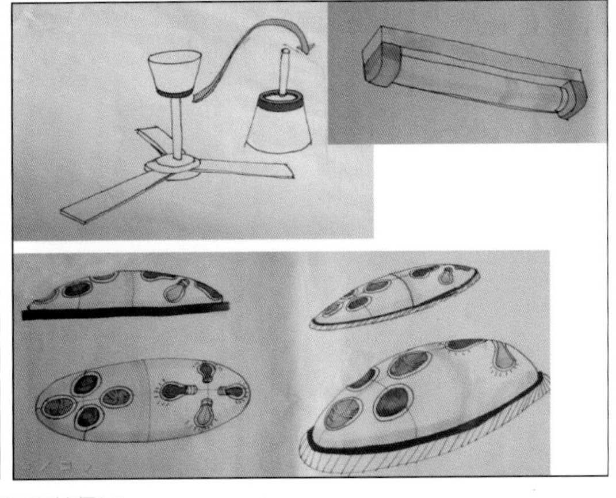

图 3-42　作业范例 2

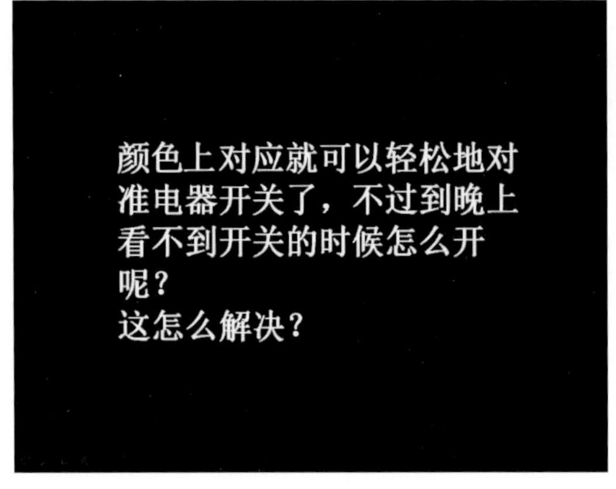

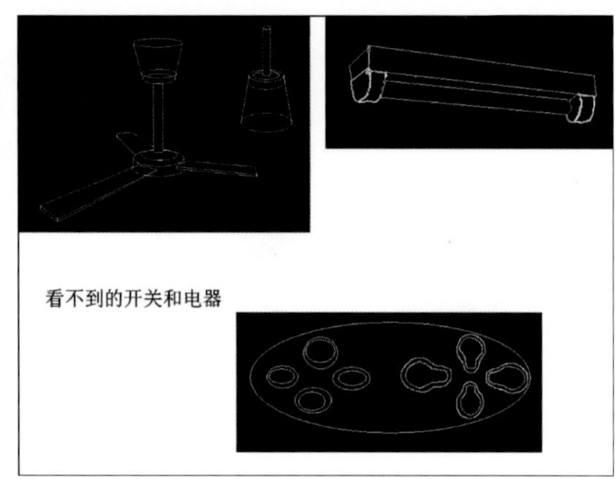

图 3-43　作业范例 3

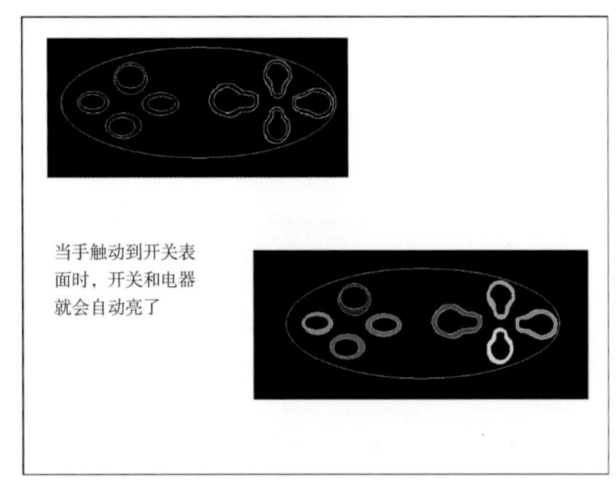

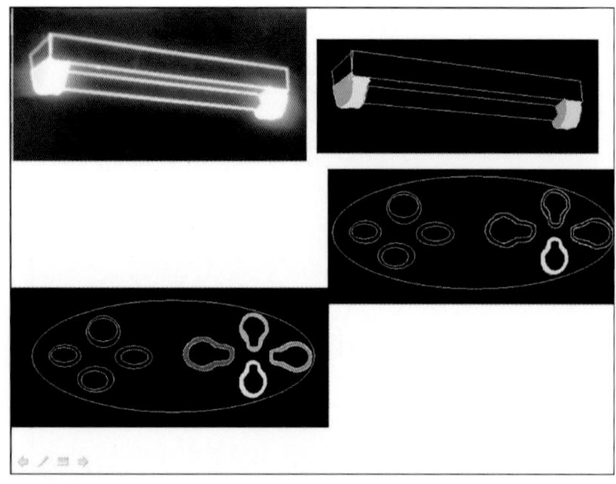

图 3-44　作业范例 4

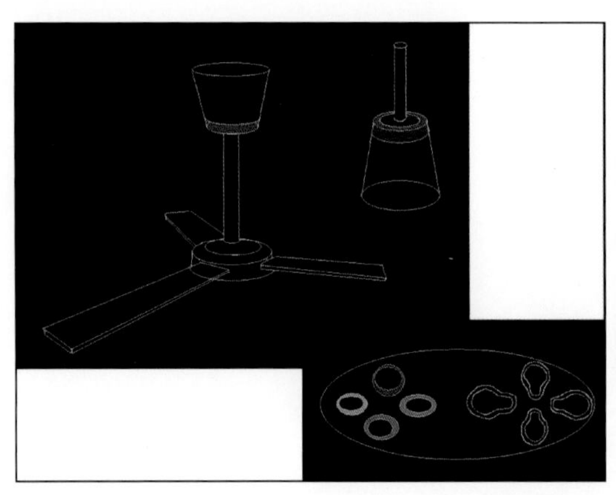

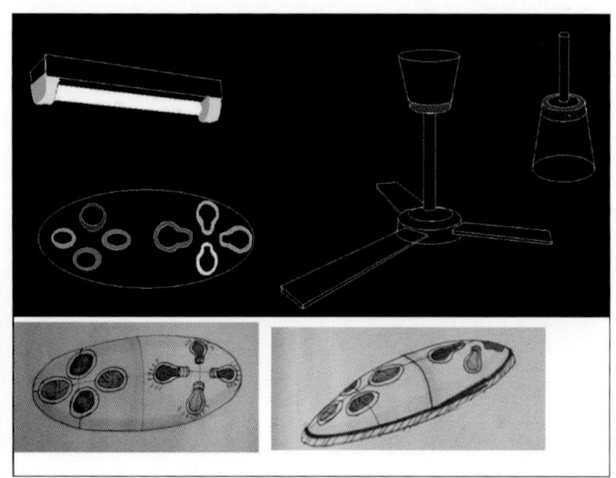

图 3-45　作业范例 5

【作业范例】

该同学运用“缺点列举法”对电灯与风扇开关进行改进，利用颜色使开关与风扇功能作一一对应，很好地解决了目前开关与风扇功能不能明确对应的问题。

通过这项作业，可以训练学生运用设计技法进行改造设计的能力，同时可以测试学生对上述设计技法的掌握程度。

习　题

一、填空题

1. 创造能力 = ________+________+________。

2. 迁移原理包括：________、________、________。

3. 发散原理包括：________、________、________、________。

二、选择题

1. 迁移原理中的移植技法具体包括以下哪些方式？（　　）

A. 移植原理　　B. 移植材料

C. 移植结构　　D. 移植方法

2. 产品设计要素矩阵法的“产品设计自身要素”不包括以下哪个方面？（　　）。

A. 功能　　B. 造型

C. 目标消费群　　D. 结构

3. 发散原理中的“头脑风暴法”，在召开会议阶段需遵循以下哪些原则？（　　）。

A. 自由奔放原则　　B. 严禁批判原则

C. 追求数量原则　　D. 借题发挥原则

三、思考题

1. 简述创造活动的过程及模式。

2. 请举例子说明“产品设计要素矩阵法”中“设计外部要素”的“社会环境”要素如何影响产品的呈现?

第四章

工业产品设计程序

教学目标

了解消费者需求含义及调研方法。

掌握产品调研方法。

了解产品开发设计的概念和基本程序。

掌握产品开发设计的方法。

通过具体案例验证产品开发设计的程序与方法。

教学要求

知识要点	能力要求	相关知识
市场调研	掌握市场调研的方法	观察法、询问法、实验法
产品调研	掌握产品调研的方法	历史调研、技术调研、设计现状调研、流行趋势调研
产品开发设计	了解产品开发设计的概念； 了解产品开发设计的类型； 了解产品开发设计的基本程序； 掌握产品开发设计的方法	设计计划表、设计定位、设计构思、草模构思、可行性研究、制造装配、设计审核、市场评估
设计评价	了解产品开发设计的阶段评价； 掌握设计评价的方法	产品原则、评分方法、SD法则、坐标法、点评价法
产品展示与验证	通过具体案例验证产品开发设计的程序与方法	

推荐阅读资料

[1] 卡尔·T. 乌利齐，史蒂文·D. 埃平格，2015. 产品设计与开发 [M]. 杨青，吕佳芮，詹舒琳，等译 . 北京：机械工业出版社 .

[2] 杨向东，2008. 工业产品设计程序与方法 [M]. 北京：高等教育出版社 .

基本概念

产品调研：运用科学的方法收集、整理、分析产品从生产制造到用户使用过程中所发生的有关市场营销情况的资料，从而掌握市场的现状及其发展规律，为企业进行项目决策或产品设计提供依据的信息管理活动。

产品设计程序：从提出产品构思到正式投入生产的整个过程。由于行业的差别和生产技术的不同，产品开发包括的阶段和具体内容并不完全一样。

可行性分析：对产品设计方案进行初期的审查后，要对其基本结构和技术参数进行检验确定，作为后期技术设计的参考。

引例：威力巨大的氢弹

TYCO 公司是一家以市场拉动型产品开发为主的企业，其大部分产品是由塑模、机械加工、电子组装等相对传统的流程制造的组建装配而成。在最终的销售和安装流程中，通常会为特殊的顾客定制产品，因此其开发流程旨在创造新的产品，而不是依据现有的产品为顾客定制产品。

TYCO 公司建立一个基本阶段的开发流程：概念定义→可行性规划→初步设计→最终设计→产品验证→工艺验证→发布→项目后评估。但是，这一流程并不适用于所有的开发项目，如果需要的话，在概念定义阶段应对标准流程进行适当的改变。

4.1 产品需求与调研

工业产品设计程序的第一步是对需求进行广泛的调研，包括消费者需求和产品调研。

4.1.1 消费者需求

1. 消费者调研

(1) 消费者需求结构调整

对消费者的购买力投向进行调研，包括对消费者按照收入水平、职业类型、居住地区等标准进行分类，然后测算每类消费者购买力的投向，即对衣、食、住、行商品的需求结构。消费者需求结构调查不仅要了解需求商品的总量结构，而且还必须了解每类商品的品种、花色、规格、质量、价格、数量等具体结构；同时，还需要了解市场和商品细分的动向、引起需求变化的因素，以及影响的程度和动向、城乡需求变化的特点、开拓消费新领域的可能性。

（2）消费者需求时间调研

对消费者需求时间进行调研，主要是了解消费者需求的季节、月份、具体购买时间，以及需求的品种和数量结构等。

2. 市场调研方法

市场调研方法主要有观察法、询问法、实验法等。

（1）观察法

使用观察法时，要求调研人员在消费者或使用者没有感到自己的行为被观察的情况下进行，这样可以确保调研资料的真实可靠性。通过观察消费者或使用者行为，了解消费者或使用者对产品的喜爱程度；观察他们使用产品时的操作程度与习惯，可以收集改进产品所需的资料。通过观察法得到的信息比较客观，可防止某些主观的臆断和推断，能够取得其他方法无法获取的客观真实的资料。

（2）询问法

询问法又称问卷调查法，它是通过询问调查来收集所需的信息。询问法一般可分为面谈法、电话询问法、邮寄调查表法和网上询问法。

（3）实验法

实验法是对即将生产出的样品采取试销、试用的方式来获取有关信息资料的方法，可以有效地减少产品的市场风险，防止产品库存积压。实验法可以通过产品的质量、品种、造型、推广，以及产品包装、价格等因素对产品销售量的影响进行调研。

4.1.2 产品调研

产品调研是运用科学的方法收集、整理、分析产品从生产制造到用户使用过程中所发生的有关市场营销情况的资料，从而掌握市场的现状及其发展规律，为企业进行项目决策或产品设计提供依据的信息管理活动。产品调研的目的在于，通过对市场上同类产品的相应信息的收集和研究，为即将开展的设计研发活动确定一个基准，并将这个基准作为指导本企业产品研发的重要依据。

产品调研包括产品的历史调研、产品的技术调研、产品的设计现状调研、产品的流行趋势调研等。

1. 产品的历史调研

通过某个时代流行的产品看到当时的历史、文化与社会发展。例如，意大利的维斯帕摩托车（图 4–1）、德国大众的甲壳虫汽车（图 4–2）等。经典产品不仅可以成为一个时代的标志性物品，甚至可以超越时代的界限伴随几代人的成长，从而成为维系千千万万人美好回忆的纽带。对产品的历史调研，将设计项目涉及的具体产品作为调研对象，通过对那些历经时代变迁仍经久不衰的经典产品的调查与研究，从它们的发展历史中总结经验教训，用来指导新产品的开发与设计。

图 4–1　维斯帕摩托车

图 4–2　甲壳虫汽车

2. 产品的技术调研

产品设计是科学技术商品化的载体，产品技术的进步对设计观念的变革和发展起着重要的推动作用。在对产品进行调研时，必须对产品的相关技术、材料和工艺的发展状况进行研究。例如，产品的核心技术、产品的构造及生产中出现的各种问题、新材料的开发与运用（图 4-3 和图 4-4）、先进的制造技术、产品的表面处理工艺、废弃材料的回收和再利用等。

图 4-3　玻璃纤维网格布

图 4-4　经过纳米喷剂处理的衣物材料

图 4-5 为英国设计公司 Priestman Goode 发明的一种廉价的可抛型电话 Post A Phone。它可以放在 A5 大小的信封里面，并可以直接邮寄。它的厚度只有 4mm，使用可回收的

卡或者塑料制造。制造它的目的是当常用电话出问题之后，可作为备用电话使用。

图 4–6 为澳大利亚设计师 Buro North 为一所小学设计的太阳能采集器。作品拥有无限创造力和美学观念，更多的是交互式的设计理念：不但可以阻挡炎热的太阳光线，而且可以将光能转化为电能供给学校使用。

每个采集器的底座是可以旋转的，并且在较低的部位有一个显示屏，当孩子们在底下玩耍时，它可以告诉他们哪个方向的太阳能量强一些，以便随时调整方位。

图 4–5　可抛型电话 Post A Phone

图 4–6　太阳能采集器

图 4–7 为 IDEO 的联合创始人 Bill Moggridge 在开普敦举行的设计 Indaba 会议提出的 aquaduct 概念三轮车设计，主要目的是帮助发展中国家人民在长途时可以喝上干净的水。一个大水箱安装在三轮车的后轴上，同时，前面的车把上也安装了一个储水箱，水可以通过过滤器流入储水箱中。

图 4-7 aquaduct 概念三轮车设计

3. 产品的设计现状调研

对产品的设计现状进行调研是为了从宏观上了解和把握开发中的产品在设计方面的相关信息，为设计师分析问题、寻找产品机会缺口，为最终的设计方向奠定基础。产品的设计现状调研可以从以下 3 方面进行研究。

（1）产品的形态调研

产品的形态调研流程包括：首先通过各种渠道搜集一定数量的各类近期上市的同类产品；然后从中选出品牌、形态最具有代表性的产品作为调查样本进行分析，以便找寻产品形态设计的发展态势，如图 4-8 所示。

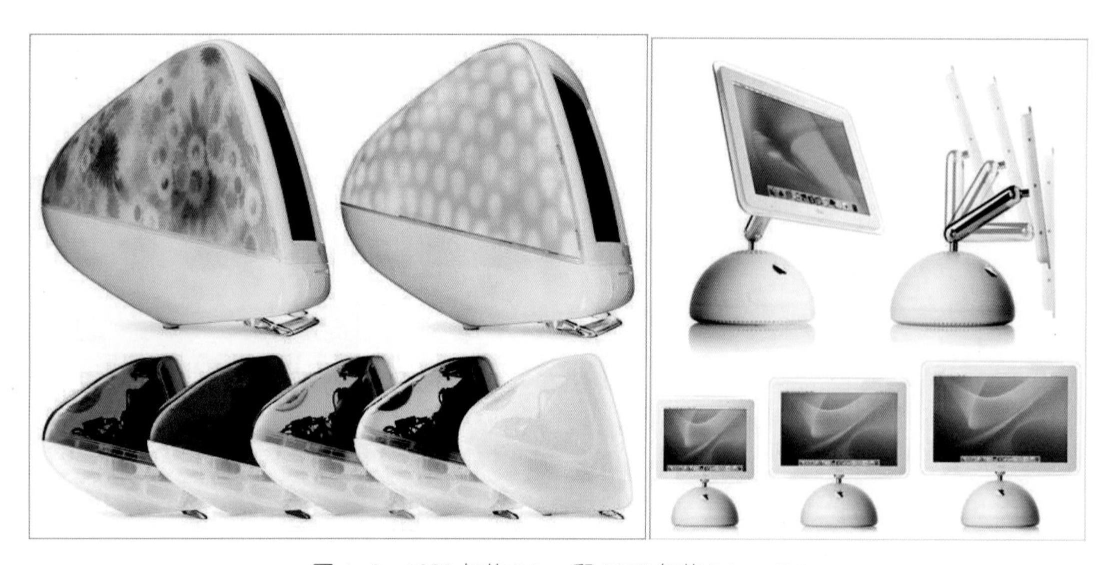

图 4-8 1999 年的 iMac 和 2002 年的 iMac G4

（2）产品的色彩调研

产品的色彩调研主要有摄影分析法和调查问卷法两种。摄影分析法是在特定时段对特定地区最具代表性的场所进行摄影调研，将照片罗列在同一图表上，即可找到这一时期的流行色趋势，进而提取色彩并概括成色谱，对色彩特征和比例进行统计分析。调查问卷法是了解大众色彩心理及色彩选择的重要方式，通过对人群色彩态度的分类和统计，即可得到各类色彩态度的百分比。图 4–9 所示为韩国某品牌加湿器的色彩调研，发现用户使用红色和橙色之间的颜色和蓝色较多，偶尔也使用淡绿色。

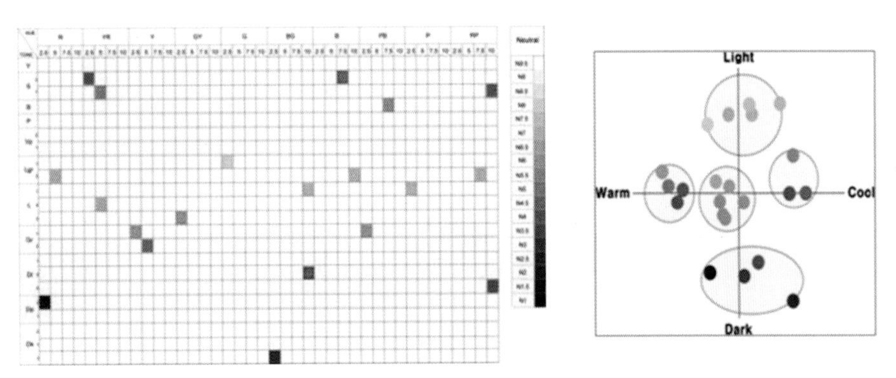

图 4–9　韩国某品牌加湿器的色彩调研

（3）产品的功能设计调研

对产品的功能设计进行调研，目的是通过调查分析产品的功能、实现原理、结构等内容，确定产品的限制条件和设计重点。如图 4–10 所示为 Air-Chair 椅子。

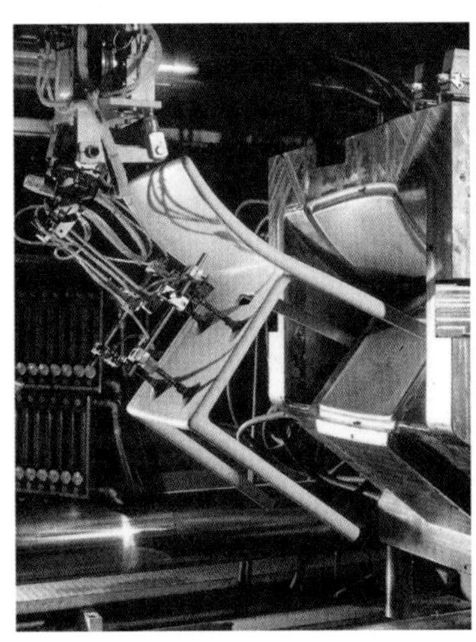

图 4–10　Air–Chair 椅子

4. 产品的流行趋势调研

产品的流行趋势是指某个年代、某种特征、某项功能、某类人群、某种价值观被推崇所依据的标准或是潜在的风格（图 4-11、图 4-12）。它重视前瞻性设计，以“需求为引导”，把消费者视为永不满足的对象，通过对产品技术进步、经济收入提高、生活方式的演化、价值观念的转移、审美潮流动向等多种因素的市场研究，探索产品发展潜在的可能性，预测产品发展的趋势，进行充分的设计准备。

图 4-11　柴田文江设计的手机

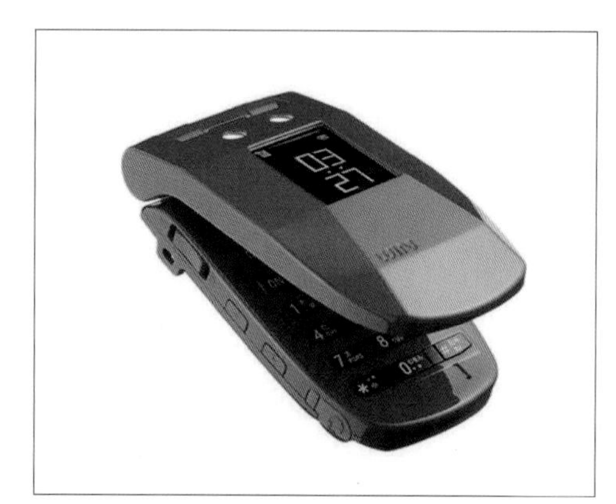

图 4-12　深泽直人设计的手机

以手机的发展历程为例：最早的手机只要求满足通话功能；短信功能的加入，要求按键的方便舒适；彩屏对屏幕有了更高的要求，在外观上越来越大，屏幕质量也越来越高；出现触摸屏的智能手机。

4.2　产品开发与设计

产品开发为企业提供创造利润的动力。持续的新产品开发是企业稳定其利润水平的重要前提，使企业在某些产品处在成熟期时，另一些新产品就已开始在市场上推出，而当某些产品开始出现衰退时，还有一些产品则进入快速成长期。这样，企业的市场份额和总利润始终保持上升的势头。产品开发为企业持续发展提供保障，企业的市场竞争力往往体现在其产品满足消费需求的程度和领先性上。产品开发也为企业发展创造机遇。新产品开发还可以使企业的资源得到充分利用。企业在生产主体产品的同时，往往会有许多剩余资源得不到充分的利用，若能从资源利用的角度去开发一些新产品，就可以最大限度地降低企业的生产成本。

4.2.1　产品开发设计的类型和程序

1. 产品开发设计的类型

根据新产品的创新程度，产品开发设计的类型可以分为全新产品开发设计、改进型产品开发设计、概念性产品开发设计。其中，全新产品开发设计是指利用全新的技术和原理所进行的产品设计；改进型产品开发设计是指在原有产品的技术和原理的基础上，采用相应的改进技术，使外观、性能有一定进步的产品设计；概念性产品开发设计是指采用新技术、新结构、新方法或新材料在原有技术基础上有较大突破的产品设计。

根据新产品所在地特征，产品开发设计可分为地区或企业产品开发设计、国内新产品开发设计、国际新产品开发设计。其中，地区或企业产品开发设计是指在国内其他地区或企业已经生产，但本地区或本企业初次生产和销售的产品设计；国内新产品开发设计是指在国外已经试制成功，但国内尚属首次生产和销售的产品设计；国际新产品开发设计是指在世界范围内首次研制成功并投入生产和销售的产品设计。

根据新产品的开发方式，产品开发设计可分为技术引进型产品开发设计、独立开发新产品开发设计、混合开发的产品开发设计。其中，技术引进型产品开发设计是指直接引进市场上已有的成熟技术所进行的产品设计，这样可以避开自身开发能力较弱的难点；独立开发新产品开发设计是指从用户所需要的产品功能出发，探索能够满足功能需求的原理和结构，结合新技术、新材料的研究独立进行的产品设计；混合开发的产品开发设计是指在新产品的开发过程中，既有直接引进的部分，又有独立开发的部分，将两者有机结合在一起而进行的产品设计。

2. 产品开发设计的基本程序

产品开发设计的程序是指从提出产品构思到正式投入生产的整个过程。由于行业的差别和生产技术的不同，产品开发经历的阶段和包含的具体内容并不完全一样。下面以传统加工装配性质的产品开发方式为例，来说明产品开发设计需要经历的各个阶段。

（1）前期调查研究阶段

这个阶段的任务主要是产品创意构思和产品的原理、结构、功能、材料和工艺方面的开发设想和总体方案。

（2）产品创意构思阶段

① 产品概念提出。通过对用户、本企业职工、专业科研人员等群体的调研，综合技术分析和市场调研的结果，提出产品的构想和改良的概念。

② 概念筛选。产品创意仅仅是一种对产品的构想，产品概念则是企业把这种构想进行具体详尽的描述，并经过筛选保留下来的产品创意，它需要进一步发展为产品概念。概念筛选是一个依据客户需求和其他标准评估概念的过程，通过比较各种概念的相对优点和

缺点，从而选出一个或多个概念进行进一步的调查、测试或开发。

（3）产品设计阶段

① 初步设计阶段。此阶段的任务是编制设计任务书，正确地制定产品最佳总体设计方案，确定设计依据、产品用途及使用范围、基本参数及主要技术性指标、产品工作原理及系统标准化综合要求、关键技术解决方法及关键元器件，进行特殊材料资源分析，对新产品设计方案进行分析比较，运用价值工程研究确定产品的合理性能，以及通过不同结构原理和系统的比较分析，选出最佳方案。

② 技术设计阶段。完成原理结构、材料元件工艺的功能或模具的试验研究，编写研究报告；制订产品设计计划书；确定产品总体尺寸、绘制产品主要零部件图，并校准；运用价值工程编制技术经济分析报告；绘制各种系统原理图；列出特殊元件、外购件材料清单；对技术任务书的部分内容进行修正；对产品进行可靠性、可维修性分析。

③ 工作图设计阶段。工作图设计的目的是在技术设计的基础上完成供试制（生产）及随机出厂用的全部工作图样和设计文件。

（4）产品试制和评价鉴定阶段

① 样品试制阶段。考核产品设计质量，考研产品结构、性能及主要工艺，验证和修正设计图纸，使产品设计基本定型；验证产品结构工艺性，审查主要工艺上存在的问题。

② 小批量试制阶段。验证在生产车间条件下能否保证规定的技术条件和良好的经济效果。

（5）生产技术准备阶段

完成全部工作图的设计，确定各种零部件的技术要求。

（6）正式生产和销售阶段

将产品引入市场，研究相关的促销宣传方式、价格策略、销售渠道和售后服务等方面的问题。

4.2.2 产品开发设计的过程与方法

产品设计是一个对各方面信息进行创新性综合处理的过程。在这个过程中，不仅仅要考虑产品的视觉特征、使用需求、经济效益，更应当关注产品开发设计的过程与方法，每一步都要经过缜密的设计管理，确定整个设计开发的系统流程，从而满足多方面的需求。

一般来说，新产品开发及生产流程如图 4-13 所示。

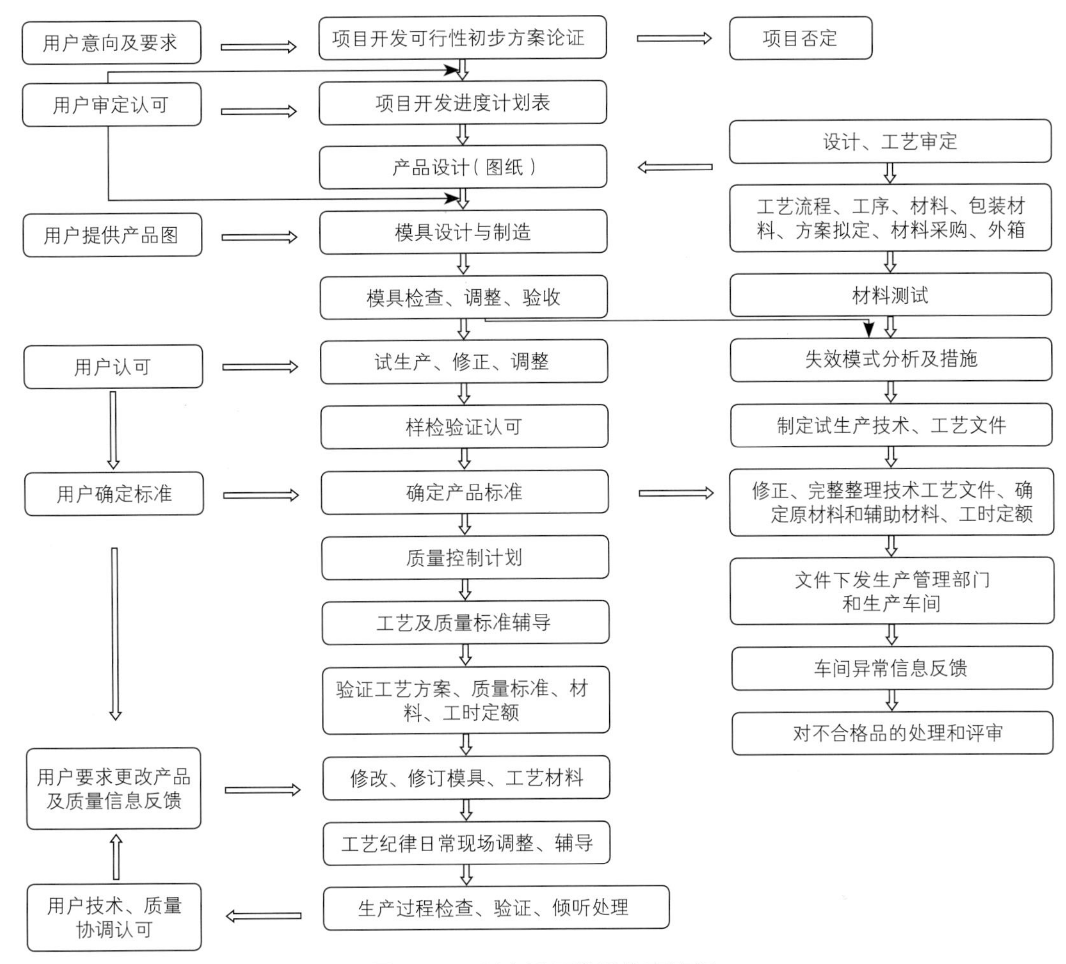

图 4–13　新产品开发及生产流程

1. 接受任务

当接受一项设计任务时，被设计的内容可能是旧的，也可能是新的，但设计出的产品必须是新的，而且是好的，这时与客户的有效沟通是至关重要的。在设计之初，除了必须了解所需设计的内容以外，还应非常透彻地领悟设计目标。对设计目标的理解程度，通常会体现一个设计师的设计水平。

2. 制订设计计划

设计计划的制订是由设计程序决定的，设计师所面对的是不同的文化、科技、经济背景及千变万化的事物，设计的程序和方法要随这些因素的变化而变化。但是，对设计的一般程序和方法的掌握及运用，无疑是设计活动中最基础的部分。设计计划表见表 4–1。

表 4-1　设计计划表

分类	环节		时间安排									
PART1	思考课题		4.1—4.16									
	分析课题											
	确定课题											
	研究课题											
PART2	制订计划表			4.17								
PART3	制订调研计划表				4.18—4.26							
	对现有产品进行调研	产品分类及技术特点										
		如何选择分辨率										
		各类光源										
		投影屏幕的配合选择										
		实物投影										
		各种性能指标										
		产品的优、缺点										
		调研小结				4.27—5.2						
		人、产品、环境的关系										
		产品设计定位										
PART4	草图设计						5.3—5.11					
	草模											
	造型方案的初步评审											
	产品细节设计							5.12—5.13				
PART5	价值工程学分析								5.14—5.20			
	技术结构原理											
	消费心理分析											
	色彩分析											
	人机工学分析											
	材料工艺分析											
PART6	工程制图									5.21—6.19		
	产品效果图											
	模型制作											
	版面制作										6.20—6.25	
	整理											6.26 后

3. 设计定位

一个新产品的开发过程是“发现问题→提出问题→解决问题”的过程。在进行充分的市场调研后，设计师要认真分析，准确发现问题，分析产生问题的各个要素，然后对设计进行准确的定位。在实际的设计活动中，设计定位指的是设计师赋予设计诸要素以准确的框架。它对整个设计活动起到指导作用，直接关系到产品设计开发的成败。设计定位包括品牌定位、市场定位、消费者定位，以及产品定位（功能定位、造型定位、色彩定位、材料定位等）。设计定位能帮助设计师在设计过程中将主要精力放在最重要的问题上，提高设计效率。

通常我们使用“5W2H”的方法进行设计定位，即：

Why——为什么？为什么要这样做？即设计的理由和目的要明确。
What——是什么？目的是什么？做什么工作？即设计的内容要明确。
Where——何处？在哪里做？从哪里入手？即设计地点和联络关系网要确定。
When——何时？什么时间完成？即完成设计的具体时间。
Who——谁？由谁来负责？谁来完成？即产品设计开发相关人员的确定。
How——怎么做？运用何种方法提高效率？如何实施？即设计策略的制定。
How Much——多少？做到什么程度？质和量的情况如何？即设计成本的预算。

4. 设计构思

经过前期设计定位后，设计工作进入构思阶段。设计师运用各种方法（头脑风暴法、类比法、形态分析法等）构思产品形象，达到设计定位的要求。设计构思可以通过以下几种方式进行。

（1）文字构思

通过抓取设计定位中的关键词或关键语句，对其进行拆分、类比、归纳，最终得到一些由各种词汇和语句组合起来的形象体。这个形象体就是后期进行草图设计的重要依据，针对设计的具体要求，进行归纳研究，寻找现有的同类产品作为参考，最终找到一个有特色的创新点。

（2）草图构思

当文字构思出现形象体时，应该用草图的形式迅速将其捕捉下来（图 4-14 ～图 4-17），因为某些灵感可能一闪而过，用草图进行记录并分析和完善是帮助设计师思考的重要步骤，也可以用故事板的方法帮助进行设计构思。在新产品开发的前期构思阶段，设计师需要和客户、消费者、设计团队成员进行有效的沟通，将其设计想法进行讨论、评价和选择。故事板作为一种视觉化语言，是一种很好的沟通工具。利用故事板进行设计构思，设计师可以站在消费者或者客户的角度，对产品的使用场景、环境状况、人机互动性进行可视化的想象，绘制脚本，画出分镜流程图及各场景的情景图画，还可以研讨情境中值得探讨的关键议题。

图 4-14　思考类草图

图 4-15　远距离草图

图 4-16　中距离草图

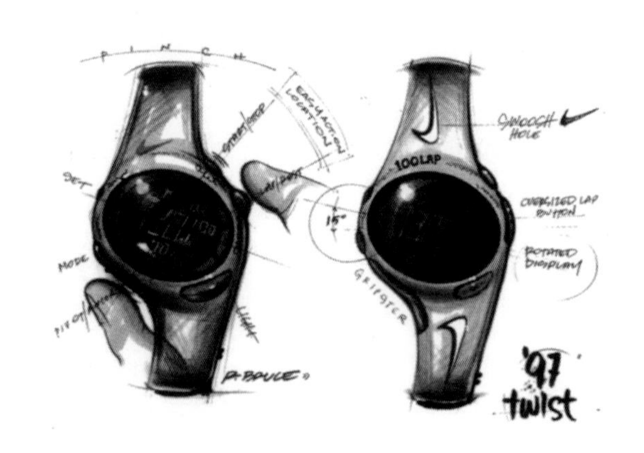

图 4-17　近距离草图

（3）草模构思

方案草图绘制到一定程度后，必须对所有的设计想法进行筛选。初步筛选的目的是去掉一些明显的没有发展前途的设计概念，这样可以使设计师集中精力对一些较有价值的设计概念做进一步的深入设计。由于产品设计的范围很广，不同产品的使用功能、使用对象、要求特征等情况各异，因而在对不同的产品设计概念进行评估与选择时，其具体内容和侧重点也有所不同。

在进行效果图的绘制、渲染时，通过软件将产品的外部立体形态表现出来。无论是手绘还是计算机绘制的效果图（图 4-18），由于是用二维形式来反映三维立体内容，因此都不能全面反映产品的真实面貌。在现实中，由于人们从平面到立体之间的错觉造成平面图形与立体实物之间的差别，这就需要通过模型来真实地表达设计意图。为了进行这方面的检验工作，设计师通常要制作出实物样机进行各种试验。草模的主要功能是推敲产品的形态关系、大体比例、尺度及基本的结构造型。草模一般不要求局部细节（图 4–19），制作草模时尽可能采用容易加工的材料，如纸制品、油泥等，以及较易加工的木材。

图 4–18　效果图

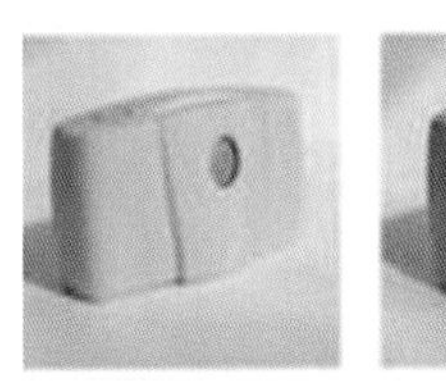

图 4–19　草模形式

5. 产品的可行性研究

产品设计构思阶段完成后，设计师对于产品的形态、功能、消费对象等都已基本确定，下一步要做的就是对方案进行深化，对其可行性进行分析论证。方案经过初期的审查后，要对产品方案的基本结构和技术参数进行检验确定。这一工作主要包括基本功能的设计、人机工程的研究、生产技术的可行性设计等，即对产品的功能、造型、色彩、结构、材质、加工工艺等方面进行可行性分析研究。

产品的可行性研究包括以下几项。

（1）功能

产品的功能可以分为以下几类。

① 按需求性质分，可分为物质功能和精神功能。物质功能是指产品用于特定目的的功能，体现了产品的价值。精神功能是指产品影响使用者心理感受和主观意识的功能，通过产品的品牌、形态、材质、色彩等产生不同的感觉，如豪华感、现代感、科技感等。

② 按功能的重要性分，可分为主要功能和附属功能。主要功能是指与产品主要用途相关的功能。附属功能是指辅助主要功能更好地实现其目的的功能，可以增加产品附加值，提升产品的品质。Bibliochaise 多功能家具（图 4–20）既满足了沙发作为座椅的使用功能，又满足了沙发作为书架的附属功能。

图 4–20　Bibliochaise 多功能家具

③ 按需求满意度分，产品功能分为不足功能、过剩功能和实用功能。不足功能是指功能因结构不合理、选材不合理造成的强度不足，耐用性、安全性不够。过剩功能是指产品所具有的功能对于使用者来说利用率不高，或者采用了过高的技术指标而使功能显得曲高和寡。

图 4–21 所示为韩国设计师设计的产品 hak-byoung kim，主要功能是一次性筷子，每使用一次后，就可以剥下来一片叶片，全部用完后可以插到土里面，底部的种子就会发芽、生长。

Studio Gorm 的设计师 John Arndt 和 Wonhee Jeong 设计了一个生态厨房系统（图 4–22），盘子上残存的水滴可以灌溉植物；厨房余料垃圾被蠕虫分解产生肥料用于植物生长；一个双层陶制容器可以作为冰箱使用（通过外墙水蒸发来冷却内部，双墙之间充满了水，慢慢通过外墙渗漏和蒸发，导致内部温度下降）；存储罐由山毛榉木盖与无釉陶瓷组成，山毛榉木盖有天然的抗微生物特性，也可作为切割板或托盘使用。

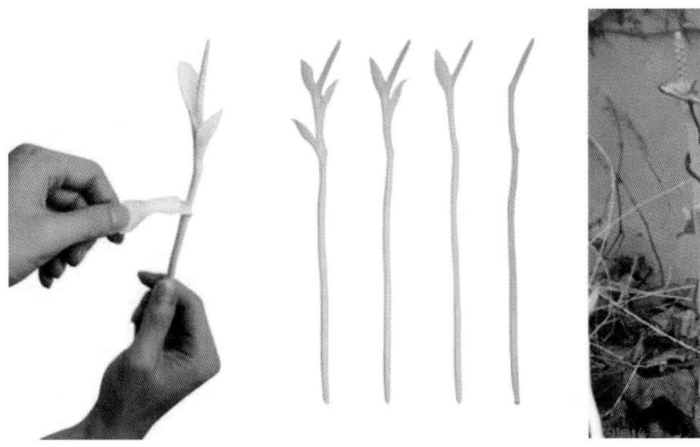

图 4-21 hak-byoung kim

图 4-22 生态厨房系统

实用功能是决定产品价值的主要标准。在对产品进行功能可行性研究的过程中，要明确客户对于功能的要求，准确地实现产品的必要功能，去掉过剩的功能，完善欠缺的功能。产品实用功能的实现必须基于一定的形态，换句话说，产品的实用功能是决定产品形态的主要因素。例如，手握式工具必须用手进行操作，其形态也必然与人的手有密切的关系。同时，由于人们对物品的使用方式、使用要求及使用目的的理解不同，产品的形态也会大相径庭。例如，深泽直人曾经根据香蕉的外形设计了一款香蕉口味的饮料包装，当这种包装在市场上推出后，饮料的销量大增，如图 4-23 所示。

图 4-23 深泽直人和他设计的饮料包装

由此可见，产品的形态离不开它的实用功能。产品的实用功能同时对产品的结构、材料等因素有很大的影响。

（2）造型

产品的造型包括产品的比例设计、线型设计等。产品的造型要符合产品的结构，要明确显示产品的构造和装配关系。结构是构成产品形态的重要因素。例如我们常用的台灯，它的结构和装配关系包括：台灯如何平稳地放在桌上？灯座与灯架如何进行连接？灯罩怎样固定？如何更换灯泡？如何连接电源与开关？由此可见，人们通过产品部件之间的连接组合构成了一个产品最基本的结构形式，在结构形式确立的同时，也为产品形态的生成构建了一个基本的骨架。图 4-24 至图 4-26 为仿生造型的灯具设计。

图 4-27、图 4-28 所示的椅子和折纸行李箱都是采用三角形几何元素进行的产品造型设计。

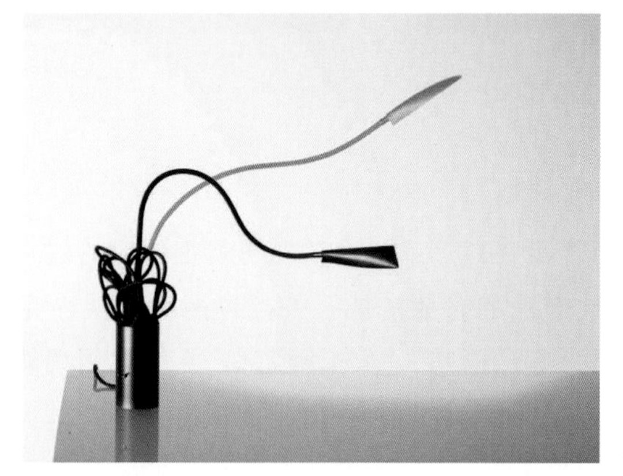

图 4-24　Tobias Reischle 设计的 kuddelmudde

图 4-25　Ingo Maurer 设计的 alizzcooper

图 4-26　zufall 灯

图 4-27　Konstantin Grcic 设计的椅子

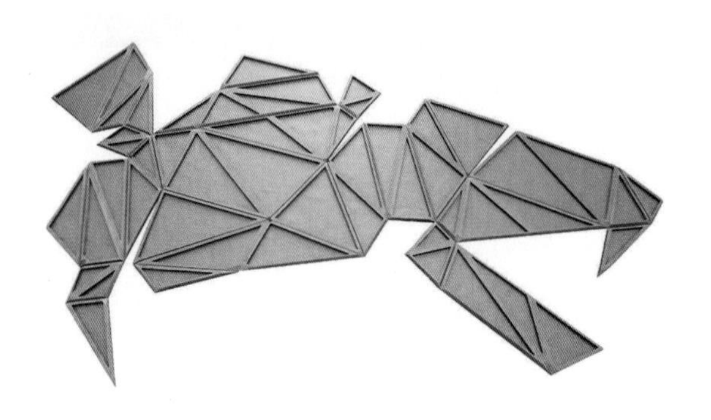

图 4-28　Naoki Kawamoto 设计的折纸行李箱

（3）色彩
对产品的色彩进行明确定位，选定主色和辅色，并考虑产品进入成熟期之后的色彩延伸方案。同时，还应考虑产品使用的自然环境和社会环境，以及这些国家和地区的人们的喜好和禁忌。

常言道“远看颜色近看花”，意思是说，一件产品首先呈现给人的是色彩方面的视觉感受，然后才是它的形态和细节。

在现代社会，产品的色彩与形态同样受到消费者的关注。一些性能优异，但造型笨重、色彩陈旧的产品受到冷落，而那些外观优美又实用的产品却颇受消费者喜爱。例如孩子们喜爱的各种儿童玩具（图 4−29），一般色调鲜艳、明快，对比强烈且协调；反之，如果将玩具设计成灰暗冷清的色调，就会被孩子们冷落。可见，色彩对于产品来说是非常重要的。产品的色彩效果关键在于配色，成功的色彩设计应把色彩的审美性与产品的实用性紧密结合起来，并实现高度的统一。

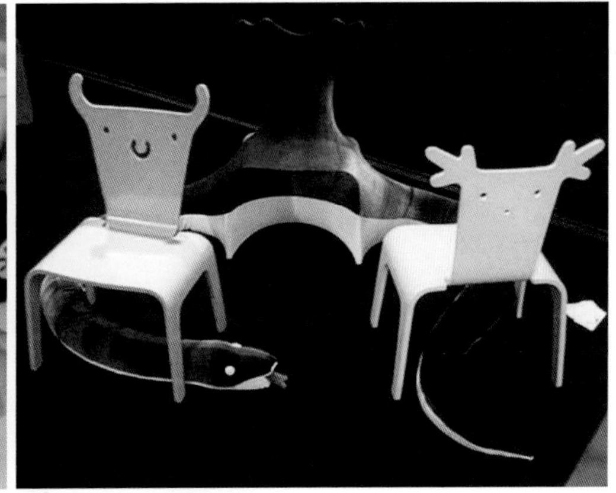

图 4−29 儿童玩具

同时，色彩的选配要与产品本身的功能、使用范围及环境相适应。每种产品都有自身的特性和功效，因此对色彩的要求也不同。从共性角度来看，食品强调清洁卫生，与食品相关的冰箱、电饭煲等厨房用品大多采用象征清洁的白色、浅色；机械设备的设计强调安定稳重感，一般采用较深的颜色。

（4）材质
材质的选择直接影响人对产品的视觉和触觉的感受，直接影响产品的艺术风格，甚至影响产品功能的发挥。因此，不同类型的产品、产品的不同结构部分应根据人们的使用习惯和需求选用不同的材质（图 4−30）。

不同的材料具有不同的肌理和质地，也具有不同的视觉和触觉特征，从而使人们产生丰富的心理效应。在现实生活中，我们能够真切地感受到，即使是同样的产品，由于采用

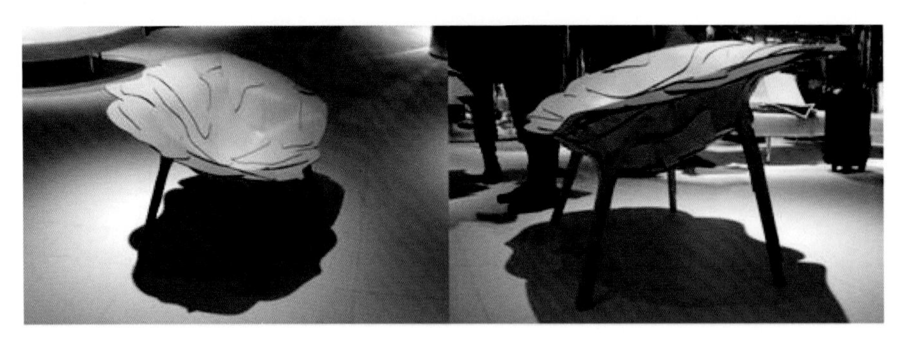

图 4-30　Aguapé

了不同的材料，最终会形成不同的使用功能和美学功能。例如，分别采用编织材料和玻璃钢材料制作的蘑菇凳，前者给人一种柔软、亲和的感觉，而后者却给人一种坚硬、冷漠的感觉（图 4-31）。同时，材料要素是产品结构和形态的载体，它与结构要素紧密相连，影响着产品的形态要素。不同的材料需要使用不同的加工方法去加工、连接和组合，而这些不同的连接和组合方式，会产生不同的结构，从而影响产品的形态。如图 4-32 所示的黑色线框系列家具，采用了弯曲和焊接的加工方法体现了家具流畅的形态设计。

图 4-31　蘑菇凳

图 4-32　黑色线框系列家具

（5）经济

除去产品的多余功能，提高产品的经济价值，设计合理的产品结构，可以节约材料，提高劳动生产率，降低产品成本。在体现造型艺术的前提下，使用简洁大方的造型也可以降低生产成本。

（6）环境

环境功能要求从产品本身需要实现的功能出发，对使用环境进行评估和分析检测。例如，车载 GPS 的使用环境是封闭的车内空间，需要考虑温度、湿度等气候环境和碰撞、冲击、加速、振动等机械环境，还有其他灰尘、噪声等综合环境。在产品设计过程中，还应该从生态保护的角度出发，提倡绿色设计，这已成为时代的需要。所谓绿色设计，就是保护环境的设计，任务是缓和工业化社会与生态环境的冲突，协调工业发展和社会文明之间的关系。图 4–33 所示为 AT ＆ T 公司的研究人员通过对车载计算机和驾驶员的智能手机数据的汇总，开发了一个系统，能够报告驾驶员的实时行为和长期的驾驶趋势，并揭示某一特定的错误是否由使用手机所引起。Strappy 是一个广告媒体平台，当手机接近 Strappy 的时候，乘客会接收到广告主的网址、广告、优惠券、视频或者其他营销材料（图 4–34）。

图 4–33　车载系统

图 4–34　Strappy 广告媒体平台

（7）社会

设计是一种爱——对社会的爱、对人类的爱。时至今日，很多无障碍设计层出不穷，并且越来越受到设计师们的重视。工业设计产品，应从“通用设计”的视角出发，尽可能地适应不同年龄、身高、胖瘦及残障人士使用，体现产品良好的社会功能。OXO GoodGrips 削皮器的设计考虑到手部活动有障碍的人群的需求，但是很多健康人士也喜欢使用，如图 4–35 所示。

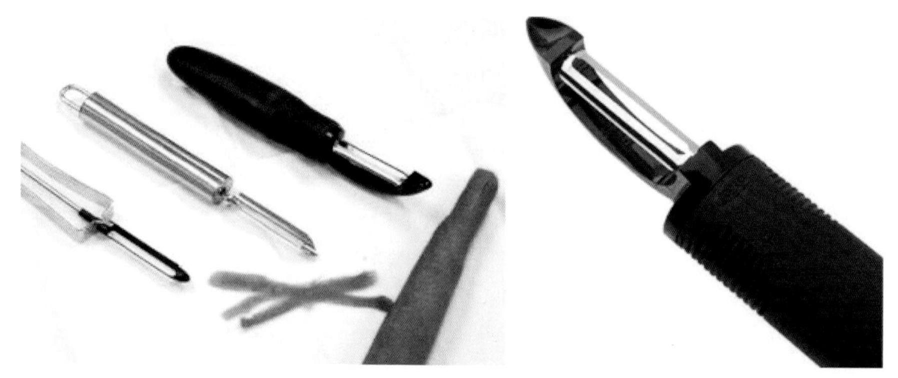

图 4-35 OXO GoodGrips 削皮器

（8）加工工艺

产品的功能和构造直接影响产品的造型，这就要求设计师必须重视生产方法、生产工艺、生产成本等因素，要在技术上反复斟酌，寻求最合适的条件进行设计，优化设计方案。加工工艺是实现产品造型的关键，不同的产品造型要选择不同的加工工艺，不同的材料所对应的加工工艺也不同，其目的都是通过加工使产品造型达到工艺美的效果，如图 4-36 所示。

图 4-36 经过化学处理着色的盘子

6. 产品制造与装配设计

如果产品概念通过了商业测试，就移交到产品开发部或工程部，把它发展成实体产品。到目前为止，产品概念只是一段语言描述、一张图样或一个粗糙的模型。在本阶段要解决的问题是，产品创意能否转化为在技术上和商业上均可行的产品。如果不能，企业除了获得在此过程中积累的有用信息外，它的累计投资将付诸东流。

这时就可以进入产品制造设计阶段。传统的产品设计很少考虑下游的工艺、制造、装配、检测、维修及环境因素，导致很多产品制造出来后，需要多次修改，造成巨大浪费。这时，面向制造和装配的设计（Design for Manufacturing and Assembly，DFMA）向传统的产品开发模式提出挑战，它在产品开发设计的初级阶段对产品的装配过程进行量化分析，优化产品设计，减少装配时间，以获得最低的装配费用。

在模具开发之前，要进行手板模型的制作。根据产品外观图纸和结构图纸先做出一个或几个模型，用来检查外观或结构功能样板的合理性，修正和改良产品的缺陷，使开模有所参照，减少开模风险。随着数字化技术的发展，计算机辅助设计（Computer Aided Design，CAD）和计算机辅助制造（Computer Aided Manufacturing，CAM）技术不断升级和完善，手板和样机的制作有了更多的选择。如激光快速成型技术（Rapid Prototyping，RP），可以通过计算机软硬件设备控制堆积技术成型，能够快速地将设计方案转变为产品造型和零部件，可以保证比例精确，但是缺点是表面较为粗糙，同时对产品的壁厚有一定的要求。加工中心（Computer Numerical Control，CNC）制作的手板模型能够精确反映图纸表达的信息，而且手板表面质量高，表面可以进行抛光、拉丝（图 4-37）、喷漆、丝印、电镀等处理。

图 4-37　表面拉丝工艺的 Photosmart R707 相机

手板模型的制作，在形态上要求其具备真实产品的效果，因此，产品各部分的细节要表现得非常充分，这样便于设计师能更有效地在产品的细部进行推敲与修改，也有利于设计概念的进一步完善。模型可作为一个完整的设计概念提供给委托商或生产厂家进行评估和选择，也可用于陈列或展示，向外界传达设计概念或征求用户的意见。对于一些功能性较强的产品，有时要通过样机来检测产品的技术性能与操作性能是否达到预定的设计要求。

Konstantin Grcic 设计的 Myto 椅（图 4–38），厚度仅有 5 毫米，却能承受 215 千克的金属块从 3 米高坠落而形成的冲击力，主要原因是使用了 BASF 化工企业生产的高流动性工程塑料。这种高流动性工程塑料具有特殊的工艺性，也具有高流动性及高强度，能让材料形成由粗到细的优美转变。

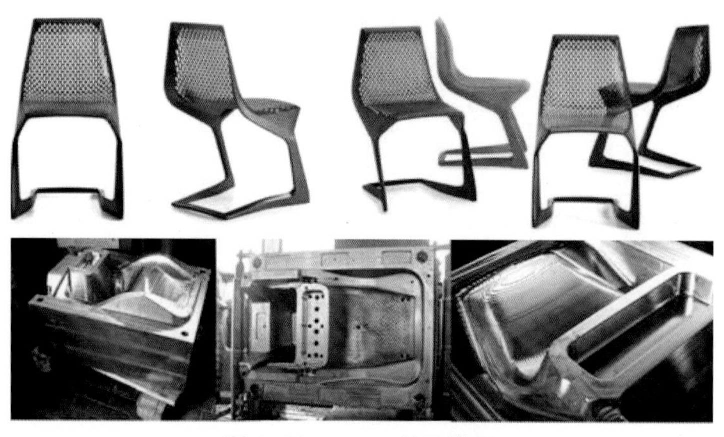

图 4–38 Myto 椅及模具

7. 设计审核与测试

完成产品样机制作后，为了保证产品质量，有必要对产品进行审核。审核的内容如下。

① 产品的功能是否符合客户需求?

② 产品的开发过程是否合理有序?

③ 产品图纸是否符合相应的技术标准?

④ 产品开发过程的时间控制是否合理?

⑤ 对产品制造方法、组装方法、表面处理工艺等问题进行审核。

⑥ 产品开发成本是否控制在预算之内，有超出的话，原因是什么?

⑦ 产品的安全型、可靠性、外观质量等是否符合前期定位要求? 审核产品是否有质量缺陷?

对样机进行全面测试以后，需要对测试中发现的问题进行修改，如功能和操作方式的改进、模具结构的合理性和经济性、安装方式、安装流程、安全性等。可以直接对样机进行修改，通过逆向工程测绘出最终的三维数据，如汽车车身设计等；也可以直接修改原始三维数据，列出各部分的明细表、加工要求、安装方式等。最后，把准确的数据移交到制造部门，进行模具加工和小批量生产。

8. 进入市场及评估

这个阶段需要对产品的名称、标识及包装等做出设计和确定，同时进行产品的演示、宣传和促销活动。根据产品在某一阶段的销售情况，对产品进行评估。评估的主要内容如下。

① 产品构想、造型、色彩等是否符合市场需求。

② 产品功能是否对市场和消费者的诉求有效。

③ 是否有明确的产品识别。

④ 是否能够强化企业形象。

⑤ 产品销售成本的控制。

4.2.3　产品开发设计的评价

1. 市场需求与调查阶段的评价

这个阶段的评价活动往往由企业高管人员凭借专业知识与经验，根据市场预测与调查资料的汇总作出综合评价，确定产品开发设计目标。通过各种数据和报告的综合分析评价，明确产品的结构、原理、性能及造型上的具体创新方向，明确产品的技术可行性与先进性，明确产品的消费环境、消费市场定位等具体方向，并以此来安排下一阶段的工作。

为了确定产品的开发目标，企业多从消费者、产品、企业自身进行预测。通过预测，掌握市场对产品需求变化发展的趋势，其内容有经济预测、销售预测、市场预测等，分别通过统计值、调查数据等资料进行分析。调查的内容如下。

① 消费者需求哪种类型的产品? 对产品的质量、数量、价格、功能、结构、工艺、造型、使用、维修等方面都有哪些需求?

② 根据企业的性质、生产能力和长远目标能够生产哪些产品?

③ 市场的变化对未来需求的影响。

④ 市场新产品的开发趋势对本企业新产品开发方向进行的预测。

⑤ 产品的周期预测等。

⑥ 产品何时投入生产，何时进入市场，生产数量是多少?

⑦ 企业对产品的成本、利润、可行性、生产周期、销售前景的预测分析。

其中，为确定产品的开发目标，企业对市场的调查研究工作包括以下几项。

① 了解国内市场和重要用户及国际重点市场同类产品的技术现状和改进要求。

② 以国内同类产品市场占有率的前三名及国际名牌产品为对象，调查同类产品的质量、价格、市场及使用情况。

③ 广泛收集国内外有关情报和专利，然后进行可行性分析研究。具体调查资料如产品普及情况、企业之间商品竞争情况、经济环境及社会经济动向、消费者的收支情况、消费者的家庭构成情况，消费者的兴趣爱好等资料的统计（见表 4–2）。

表 4-2　对部分预测及调查资料分析报告的评价

序 号	评 价 项 目	评 价 内 容	评 价	改 进 意 见
1	企业开发资金预测报告	确定是否能满足产品开发过程	满足	
2	经济效益分析报告	是否具有可行性和可操作性	可行	
3	生产能力分析报告	是否具有客观合理性	合理	
4	可靠性研究	是否能有效地指导产品设计和开发	能	

2. 产品方案构思阶段的评价

产品方案构思阶段是对产品开发设计产生创造性想法的阶段。产品构思是企业通过引入新概念、新思想、新方法、新技术等，针对市场需求提供给市场的产品设想。设计过程的创造性想法可从原理、结构、技术、材料、工艺等方面改进和突破。并非所有的构想都能变成产品，这个阶段的评价就是筛选出符合产品开发目标要求的、有继续发展价值的产品构思方案。

这个阶段的评价活动把产品的开发目标作为主要的评价参考依据。产品开发目标需要符合产品设计原则，符合企业的发展目标，还要考虑产品构想方案在市场上的成长机会、是否符合公司的产品形象与定位等。

3. 产品开发设计方案的深化及发展阶段的评价

确定最佳产品方案的评价方式有以下几种。

（1）按照产品原则进行评价

产品原则包括产品的功能和外观具有的创新性、生产制造过程中的经济性、使用过程中的功能性、符合时代潮流及人们心理需求的审美性等设计原则。

通过功能分析、结构分析、工艺分析、材料分析、造型分析、宜人性分析、使用场所分析等数据汇总进行创新性、功能性等方面的评价。为了提高评价效率，降低评价实施的费用和减少工作量，可以选择那些最能反映方案可行性的设计项目作为评价项目。在评价过程中发现问题，并找到合理的解决办法。

（2）运用评分法对方案进行评价

运用评分法对产品造型设计方案的技术可行性、先进性、可靠性、实用性、成本、预计盈利率、投资、投资回收期、形态、色彩、审美价值、社会需要和社会环境指标进行评价。

评分法的目的是得到目标方案的评价分数，然后将多个目标方案或某一评定项目的标准进行汇总比较，从而确定方案的可行性（见表 4−3）。

表 4-3　运用评分法对方案进行评价

评定项目	分项内容	分项计分	实评得分
形态（总分 20 分）	形态与功能的和谐统一	8	
	形态设计均衡稳定	2	
	整体形态比例协调	4	
	造型形态风格明确，个性突出	4	
	造型形态时髦，具有时代性	2	

（3）运用 SD 法对方案进行评价

SD 法的评价方法是用形容词或副词标出评价的尺度，并找出与之相应的各种词汇，如很高、高、一般、较高、不高等；也可以标出评级尺度的数值，如 5、4、3、2、1 等，作出详细而明确的比较（见表 4−4）。

表 4-4　运用 SD 法对方案进行评价

性能 / 预测项目	很高	高	一般	较高	不高
	5	4	3	2	1
与现有市场竞争商品的对比	比竞争商品具有更先进的特征，并能促进销售	比竞争商品具有不少先进特征	与竞争商品特征相同	具有若干先进特征，但促销作用不明显	没有先进而突出的特征
产品打入市场需要的人力、物力的投资	需要大量的人力、物力投资	需要大量的人力、物力投资	仅需通常的人力、物力投资	仅有少量投资	不需要投资
使用者数量的预测	使用者有实质性增加	使用者有实质性增加	使用者几乎不变	使用者有所减少	使用者有实质性减少

（4）运用坐标法对方案进行评价

坐标法是将产品的各项属性特征按坐标的方式加以评价（图 4−39），将对抽象的产品属性特征的理解转化为直观的观察，易于作出快速准确的评价。利用坐标法对方案进行评价，每项标准作为一个坐标方向，满分为 6 分，四项属性和形成的封闭空间面积越大，则表明该设计在四项属性标准评定中得分越高。

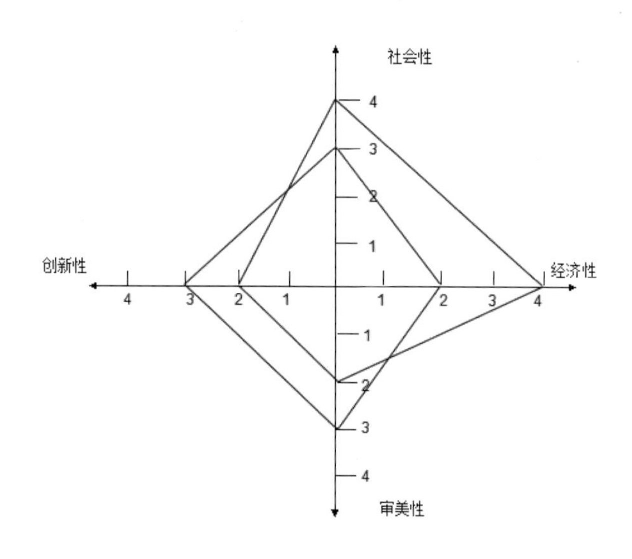

图 4-39　运用坐标法对方案进行评价

(5) 运用点评价法对方案进行评价

点评价法是指对各方案按重要的评价标准项逐个作出粗略评价（见表 4-5），用符号表示（"+"表示行，"−"表示不行，"？"表示再研究，"！"表示重新检查设计）。

表 4-5　运用点评价法对方案进行评价

评价项目	方案		
	A	B	C
满足使用功能要求	+	+	+
成本符合要求	−	−	+
加工装配可行	+	?	+
维护方便快捷	+	?	+
具有操作舒适性	−	+	+
造型具有审美性	+	−	+
具有低碳设计特点	+	+	+
具有时代感	+	+	+
总评	6+	4+	8+
结论：C 为最佳方案			

4. 产品制造加工与测试阶段的评价

产品方案能否加工成型与生产单位具有的生产资源有极大的关系。通过测试考察加工后的产品，可以分析评价产品使用功能的先进性、可靠性、宜人性、安全性及产品功能结构特点、产品的原理、产品的外观，以及是否达到国内外的先进技术水平等（见表 4-6）。

表 4-6　运用 SD 法对产品部分人机界面项目测试的评价方式

评价项目	评价等级				
	很高	高	一般	较高	不高
	5	4	3	2	1
适应人对信息的传递、加工、输出	高度适合人的正常操作习惯，信息传递迅速，人对信息的处理效率很高	很适合人的正常操作习惯，信息传递迅速	能使用人对信息的接收、处理、输出的习惯	基本满足人对信息的处理习惯	不适应人对信息的处理习惯
显示的合理性	具有清晰、直观、加速信息的传递	显示清晰、直观、加速信息的传递	显示清晰、直观，能满足信息传递的需要	基本满足信息传递的需要	不能充分满足信息传递的
工作效率	很高	高	一般	较高	不高
工作安全性	很高	高	一般	较高	不高

5. 市场导入阶段的评价

通过对消费者使用产品直接或间接的问卷调查获取产品投入市场后的资料，通过跟踪销售量、销售额与市场投入的参数比较，来评价销售策略的优劣程度，也可根据企业销售款回收情况分析等资料来获取营销策略的评价依据。

在产品试销测试时，通过消费者在一定时间内使用产品的情况，评价产品的各项指标是否达到预期的要求。实际调查主要集中在某类别单一商品的评价上，如集中调查消费者对某一商品的色彩、型号、手感、包装、功能、舒适度等方面的满意度。

4.3　产品展示与验证

4.3.1　新型环保纸质家具设计

纸质家具作为一种新型家具产品，因其高度的环保性（生产成本低、可回收循环利用率高）等特点，越来越受到人们的关注。近年来，日本、新加坡及欧美一些国家已对纸质家具进行了尝试，并有许多产品投产上市。在国内，纸质家具刚刚起步，还未受到公众的普遍接受，即使目前出现极少数较实用美观的纸质家具（如国内仅有的纸质家具品牌“纸当家”，其产品以储物柜家具为主），但价格偏高，与木质家具相比没有竞争优势，且产品线单一。

纸质家具整体来说发展相当缓慢，究其原因，主要有以下 4 个方面。

① 受国情的影响，人们对纸质家具的稳固性抱有怀疑态度，觉得它只是一种先锋艺术品，不实用。

② 由于生产商对纸质家具的生产工艺和市场前景未充分掌握，所以不敢贸然大批量投入生产。

③ 纸质家具看似廉价，但在产量低的情况下，制作成本和传统木质家具相当，没有竞争力。

④ 还未找到较直接的目标消费群，因而难以打开市场。

1. 材料与用户分析

(1) 瓦楞纸材质

纸质家具所采用的“纸”并非一般的书写性纸张，而是包装纸箱材料中的“瓦楞纸”。瓦楞纸是由挂面纸和通过瓦楞棍加工而形成的波形的瓦楞纸黏合而成的板状物，具有缓冲性能好、轻便、牢固等特点，因此被形容为“以最少、最轻的原料，实现最大的承重强度”的完美纸材。国内外的纸质家具均采用这种材料作为木板的替代品。

瓦楞纸作为家具材料的优点主要表现在以下几方面。

① 环保性：纸材料可以回收 15 ～ 17 次，能循环使用，废弃后可自然降解，而木质家具回收再利用难度大，且能耗高、工艺复杂。

② 经济性：纸材料的原料来源较广，生产成本较其他材料低。

③ 装饰性：纸材料的表面触感细腻自然，且方便印刷，可以印刷丰富的色彩图案，有极强的装饰效果。

④ 体验性：纸质家具因其材料特殊性，通常一件家具的结构都是通过纸板之间的折叠或插接实现，完全可以通过人手拼装而成，有点 DIY 的创意体验，丰富了人们的家居生活。

⑤ 方便运输：纸质家具普遍具有可拆装的特点，且重量轻，适宜多次运输。

瓦楞纸作为家具材料的缺点主要表现在以下几方面。

① 强度与稳固性差：纸质家具因纸材料的特性，通常通过穿插、折叠、嵌合及胶粘等方式实现结构，与木质家具部件与部件之间用螺钉结合的方式相比，强度与稳固性显然要差得多。

② 防水性弱：纸材料因其组成结构纤维的独特性，既有弹性体变形的性质，也有流体的应力与变形成正比的塑性变形性质，因此在其表面就不能长时间地留有液体，一旦液体渗入纸板中，纸板就会变形、破损。

③ 寿命短：按材料对家具进行分类，除纸质家具外，还包括木质家具、金属家具、塑料家具、玻璃家具、藤材家具、石材家具、软体家具。综合比较，纸质家具在其中的使用寿命应该是最短的。

（2）用户分析

根据瓦楞纸作为家具材料的优、缺点可得出结论：大学生与租房族是较佳的适用群体，办公展览等临时性空间是适用空间。原因如下。

① 许多大学生在读书期间或是毕业后都会租房子住，城市里存在非常大的租房群体，纸质家具便宜、重量轻、方便运输与拆装，当毕业生工作若干年后有能力买房子的时候，直接丢弃临时的纸质家具也不会造成材料成本的浪费及环境污染。

② 纸质家具用于展览会、展销会、临时办公空间也非常合适，因为此类空间也需要方便运输与拆装的家具，且产品使用时间不长。

2. 纸质家具设计实践

（1）方案锁定

通过以上对纸质家具的优、缺点分析，可将探索性方案锁定为“屏风家具”的设计，目的和定位是：希望在该“屏风家具”中引入“模块化”的设计概念，以模块化的方式设计出单个构件，然后通过构件组合成不同形式、可自由拼装组合的纸质家具，适用于不同面积的空间。这样既可以节约成本，样式也灵活多样。纸质家具在国内一直未得到推广，价格高是最大的问题，如国内仅有的纸质家具品牌“纸当家”，一个规格为 1140mm × 800mm × 400mm 的储物柜价格是 900 元（图 4–40），这相对于同样规格功能的纤维木板或刨花板家具来说毫无价格上的优势。此外，这种形式的纸抽屉也不方便推拉，因此销售情况并不乐观。

图 4–40　“纸当家”储物柜产品

模块化产品易生产、成本非常低廉（单个构件只需要一套模具），屏风家具可以很好地采用这种设计方式，更重要的是，易拆装、适宜搬运能最大限度地发挥纸质家具的优势。而且，屏风不必具备承重功能，可以消除人们对其承重力方面的质疑。

此外，纸质屏风家具能与之前研究所得出的“适用群体”进行合理的对接。目前，市面上还没有纸质屏风家具产品，多数是储物柜、座椅等纸质家具。这些家具需要的模具多、拆装不便，表面极易吸水而难以保存，尤其是储物类家具抽屉推拉不方便，座椅类家具会让人感觉承重力不够，而屏风家具不存在以上问题。与市场上其他材料的屏风家具的价格相比，纸质屏风家具较便宜，而且重量轻、方便运输与拆装，可以根据空间的需要改变尺度，既适合租房族使用，也适合办公空间、展览会、展销会作为临时隔间使用。

（2）实践探索

为了实现模块化的设计，本方案特意运用单一构件和凹槽结构（图 4-41），在不使用黏合剂的情况下可以随意拼装组合成任何尺寸的纸质屏风。瓦楞纸的厚度非常多，通过比对和试验，确定采用厚薄适宜的 6mm 厚的纸板。如果过薄（如 2mm），则不够坚固，插接不牢；如果过厚（如 8 ～ 10mm），则屏风整体过重，容易倒塌。此外，采用厚纸板会增加屏风的制作成本。所以，本方案的构件选用了 6mm 厚的瓦楞纸。

凹槽结构的插接缝相应也是 6mm 宽（图 4-42），可采用简单的插接结构（组合原理如图 4-43、图 4-44 所示），也可根据不同空间的需要，无限延展屏风。

考虑到屏风需竖立起来，构件的最大宽度即为屏风横截面厚度，要立得稳，必须有足够的厚度和支承面；但也不能太厚，否则屏风显得笨重，有悖于屏风的简易屏障功能。因此，将单个构件的最长尺寸设计为 290mm，既能保证屏风立得稳，也不至于太笨重。

图 4-41　瓦楞纸屏风单个构件（实物）

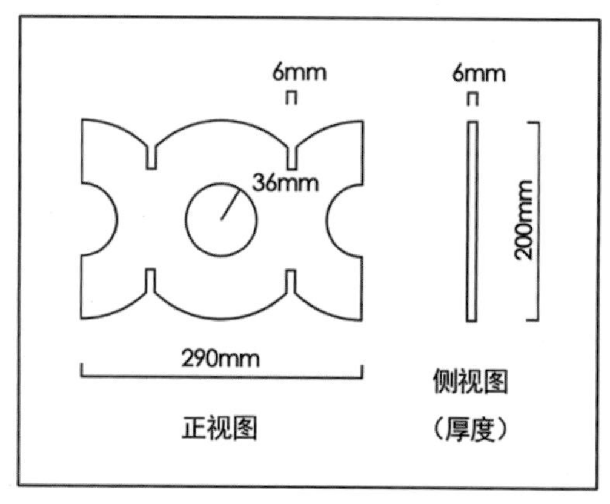

图 4-42　瓦楞纸屏风构件尺寸

图 4-43　纸质屏风组合原理图（一）

图 4-44　纸质屏风组合原理图（二）

构件中间开一个直径为 36mm 的圆洞，对应的两侧各为一半圆洞，这样设计是为了实现以下功能。

① 纸质屏风组装起来体型较大，开孔洞可减轻自身重量。

② 纸质屏风家具一般不会密封，以方便透气和满足半封闭功能。

③ 增加造型的灵巧感。

④ 在安装时，方便人手对其进行拿取和嵌套。

整体方案用了纸本色，体现出纸材朴素雅致、触感细腻的特点（图 4-45 ～图 4-47）。同时，利用纸材方便印刷的特点，做了系列化的设计，在屏风表面进行了系列化的图案设计，增强了装饰性，可搭配不同的空间环境。图 4-48 所示为可以根据不同空间需要进行灵活组合的纸质屏风，包括大小形状的组合及色彩图案的组合，具有较强的趣味性和实用性。此外，还可以按构件正、反两面进行单面印刷着色，即一面是纸本色，另一面是彩色，让用户根据自己的喜好选择不同的方式组装，可形成独特的视觉效果。图 4-49 所示是一组质朴雅致的瓦楞纸屏风，在家居中形成了一道特别的风景线。

本方案运用模块化构件的设计，只需要一套模具的制作，通过结构和造型设计实现与传统家具一样的功能，而重量只有传统家具的 20% ～ 30%，方便运输和推广，没有任何涂料的加工，不会对人的健康造成危害。模块化构件的设计成本低廉，用旧之后，材料还可以回收再利用 15 ～ 17 次，可有效地节省自然资源，具有较高的社会价值。瓦楞纸屏风运用简单的结构，可实现无限延展，可灵活改变大小，适用不同空间，特别适合租房、办公或展览空间。此外，瓦楞纸屏风质感细腻，手感和观感较好，作为家居陈设时，可以提升家居的格调和情趣，也适合追求生活品位的人群。因此，瓦楞纸屏风家具具有广阔的市场前景，其模块化的结构和制作方式也具有较强的可行性。

图 4-45　瓦楞纸屏风（实物）

图 4-46　瓦楞纸屏风侧面

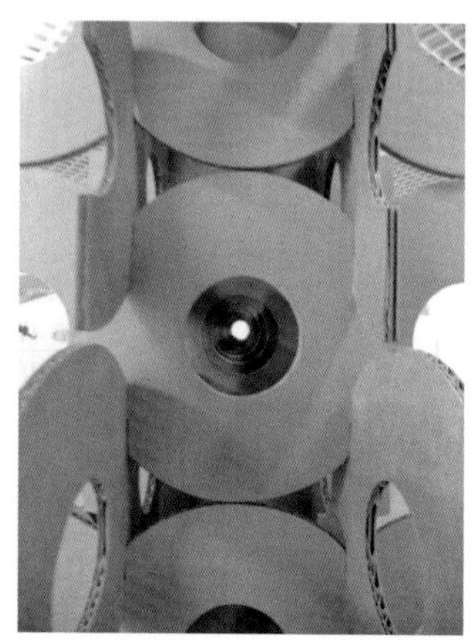
图 4-47　瓦楞纸屏风细部

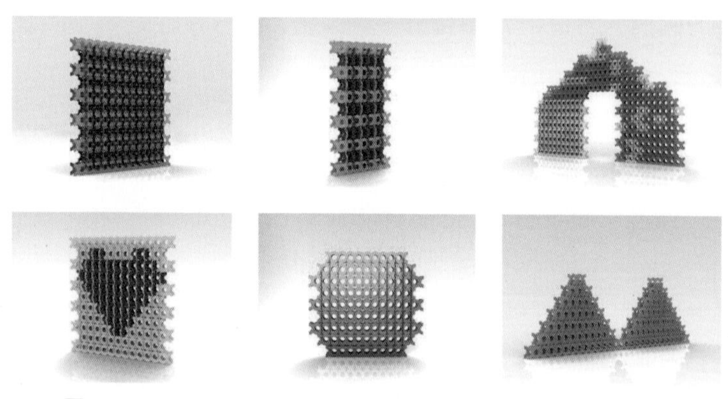
图 4-48　可以根据不同空间需要进行灵活组合的纸质屏风

图 4-49　质朴雅致的瓦楞纸屏风

注：本设计方案受到深圳市景初家具设计有限公司资助，并获得 2012 年广东省第六届“省长杯”工业设计大赛奖项及“2013 中国设计红星原创奖”银奖。

4.3.2　板式家具设计实践

随着我国二胎政策的落实，很多家庭都有两个小孩，因此普遍会面临住房面积不够、儿童玩具过多而收纳困难等问题。针对以上痛点，本设计采用板式材料作为儿童收纳椅的主要设计材料，进行产品的功能创新设计。这样，儿童收纳椅不仅具备椅子的功能，同时还具备收纳功能和娱乐功能。

1. 方案锁定

相关调查数据显示，目前我国板式家具占全部家具产值的 50% 左右。板式家具之所以占的比重这么大，是因为板材有利于实现产品连续化、机械化、自动化生产；用料一般为人造板类，可节约大量木材而且成本低，还不容易变形；大部分是通过五金件结合，拆卸也比较方便，适合大众消费。对于需养育两个小孩的工薪家庭来说，这无疑是一种很好的选择。经过调查发现，有多种使用功能的儿童产品更容易吸引小孩，同时也提高了产品的性价比。

2. 实践探索

在充分考虑工薪家庭经济状况及住房情况的前提下，设计师发现板材的成本比实木的成本低，并且不易变形，可通过五金件结合，拆卸方便。所以，设计师最终选用板材这种比较适合大众消费的材料作为儿童椅的主要材料。

（1）设计草图

儿童椅的设计草图如图 4-50 ～图 4-53 所示。

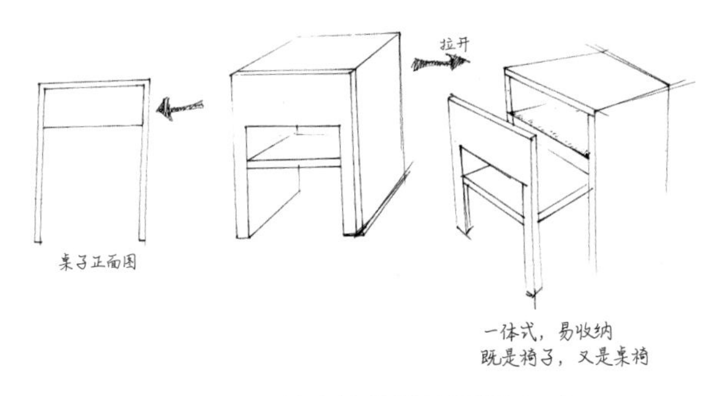

图 4-50　儿童椅的设计草图（一）

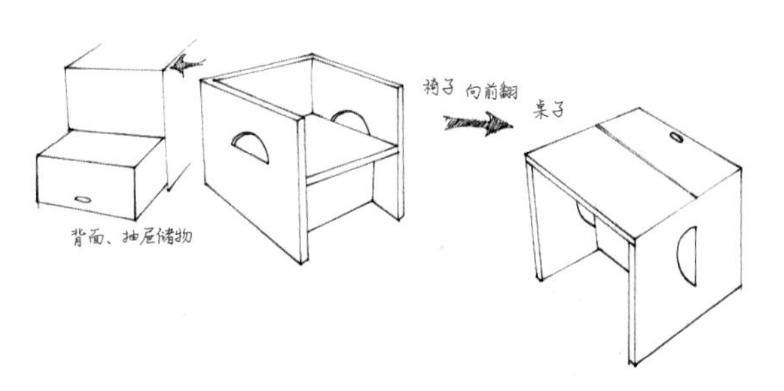

图 4-51　儿童椅的设计草图（二）

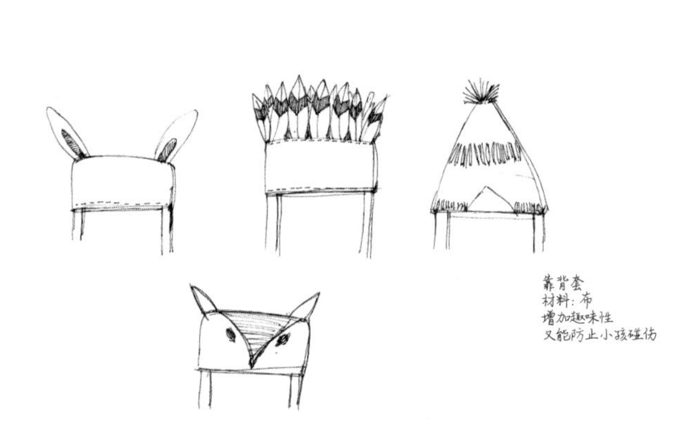

图 4-52　儿童椅的设计草图（三）

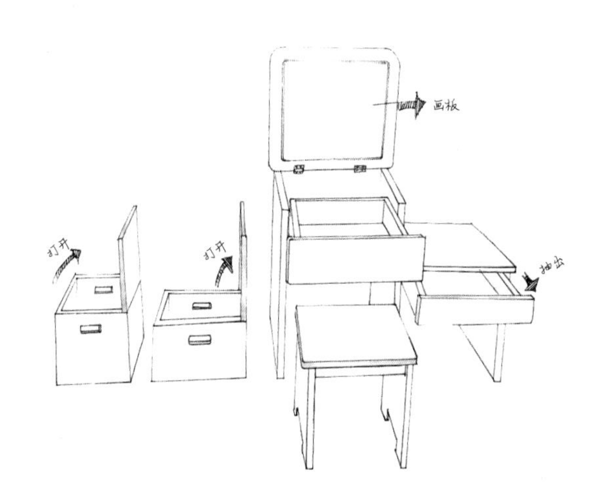

图 4-53　儿童椅的设计草图（四）

（2）产品草模

儿童椅的草模如图 4–54 所示。

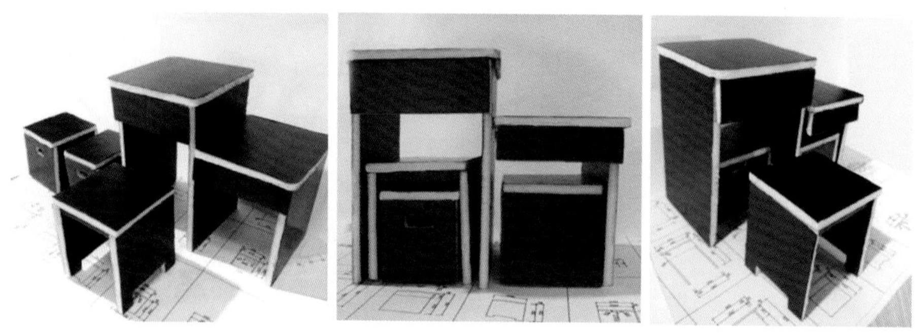

图 4–54　儿童椅的草模

（3）产品三视图

儿童椅的三视图如图 4–55 所示。

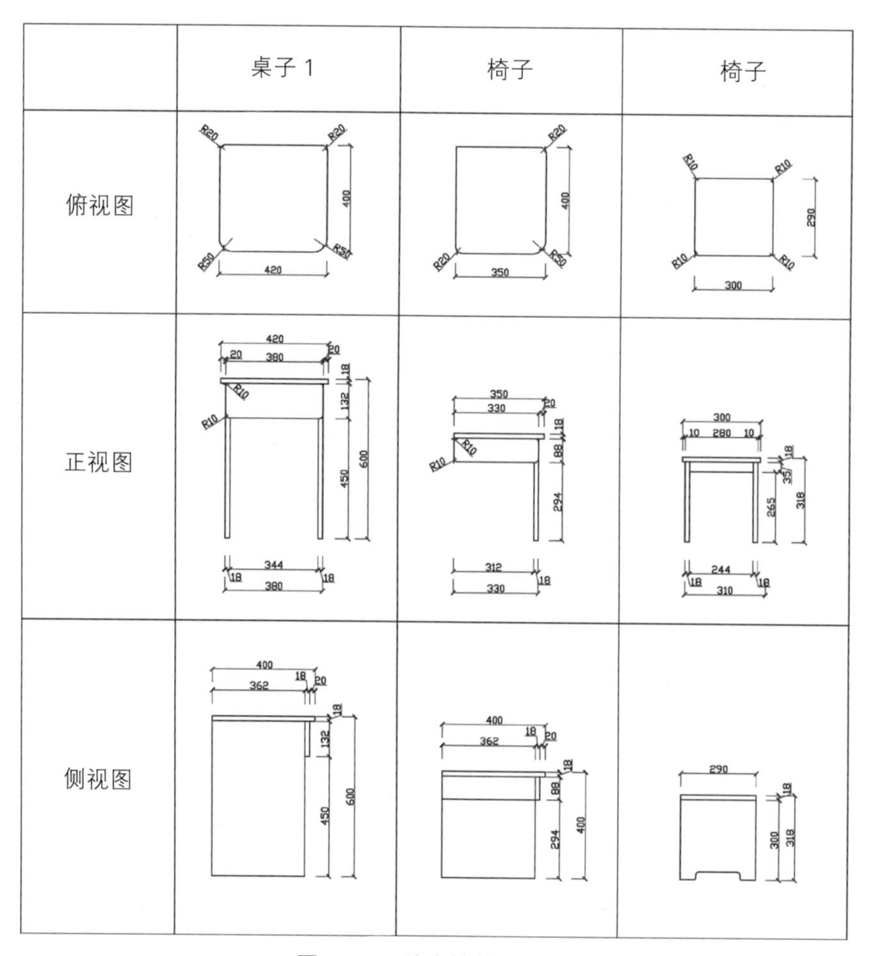

	桌子 1	椅子	椅子
俯视图			
正视图			
侧视图			

图 4–55　儿童椅的三视图

（4）软件模型图

儿童椅的软件模型图如图 4–56 所示。

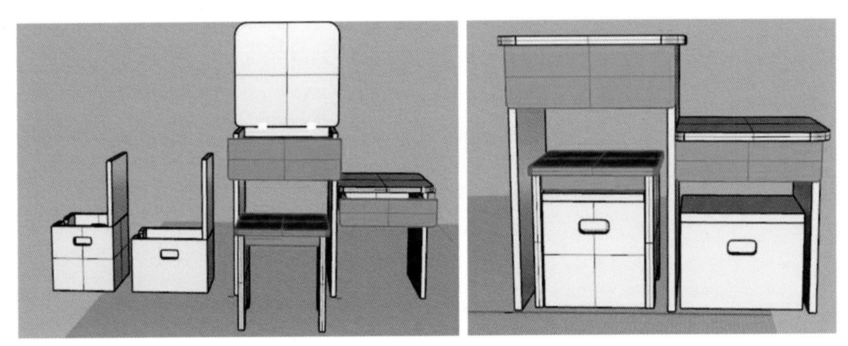

图 4–56　儿童椅的软件模型图

（5）建模效果图

儿童椅的建模效果图如图 4–57 所示。

（6）实物展示效果

儿童椅的实物展示效果图如图 4–58 所示。

图 4–57　儿童椅的建模效果图

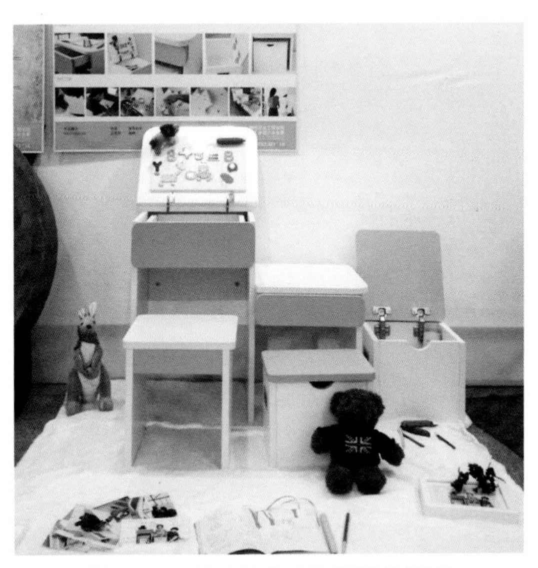

图 4–58　儿童椅的实物展示效果图

3. 设计总结

板式儿童椅的设计不仅要满足使用功能，而且要具备关爱儿童心理健康等情感方面的功能。通过这次设计，可以得出以下结论。

① 进行儿童板式椅设计，必须首先了解儿童的生理和心理的相关知识，归纳出产品的外观造型、色彩、趣味性、益智性等设计要素。

② 总结儿童板式椅设计要遵循的设计原则，以安全舒适性、可持续利用性、功能延伸性作为基本的设计方向。

习 题

一、填空题

1. 根据新产品的创新程度，产品开发设计的类型可以分为________、________、________。

2. 前期调研阶段的任务主要是产品创意构思和产品的________、________、________、________和工艺方面的开发设想和总体方案。

二、选择题

1. 市场调查方法有(　　)。

A. 观察法　　B. 访问法

C. 实验法　　D. 想象法

2. 产品调研包括(　　)。

A. 产品的历史调研　　B. 产品的技术调研

C. 产品的设计现状调研　　D. 产品的流行趋势调研

三、思考题

1. 简述产品开发设计的程序与方法。

2. 运用设计程序对产品进行改良性开发设计。

第五章

创新思维与设计技法的应用与范例

教学目标

根据前面章节介绍的内容，特设定一个贴合读者水平的目标主题，以多个解决案例引导读者深刻理解创新思维与设计技法如何在产品中得到运用，从而使读者在学习过程中逐步掌握方法，并最终可灵活解决实际的产品设计问题。

教学要求

知识要点	能力要求	相关知识
工业产品设计思维的重要性	掌握创新思维的基本概念 了解创新思维在产品形成过程中的作用	创新思维与设计技法两者相辅相成

推荐阅读资料

陈彦廷，2016. 设计奖道理 [M]. 上海：上海人民美术出版社 .

基本概念

由于本章主要涉及内容为创新思维与设计技法的范例分析，所有与范例相关的概念已在前面章节讲述，所以此处不再进行概念分析。

引例：“手表”创新设计

手表是人们熟知的一款产品，且功能与创意的突破点较多，容易与各种设计技法相契合，从而达到训练的目的。

创新思维与设计技法应用范例点评

根据前面几章介绍的内容，尤其是第二章、第三章介绍的创造性思维的方法与原理，编者特意为学生设定一个设计训练题目：“运用各种设计方法与原理进行一款手表的创新设计”。

回顾第三章所讲述的手表设计要素（图 5-1），充分发挥创意思维进行设计。以下是部分优秀作业展示及点评。

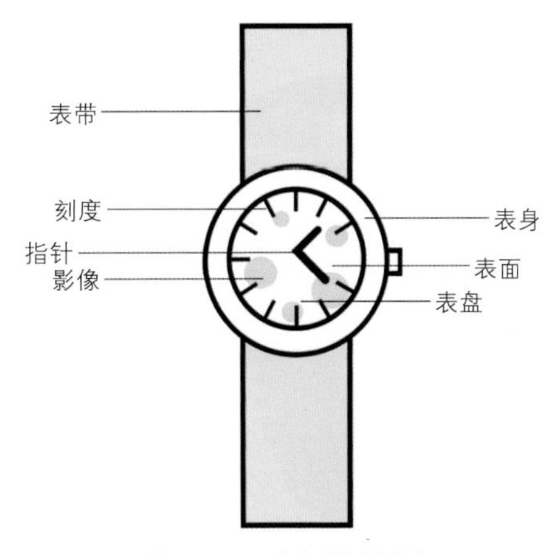

图 5-1　手表设计要素

图 5-2、图 5-3 所示的风车手表运用了缺点列举法。考虑到人们经常会因表带包裹手腕导致出汗而不舒服，所以设计者大胆地联想，把表带设计为百叶窗形式，且表盘自带一个风车，有散热的作用，虽然在结构上不够成熟，但能较好地运用所学设计技法解决问题。

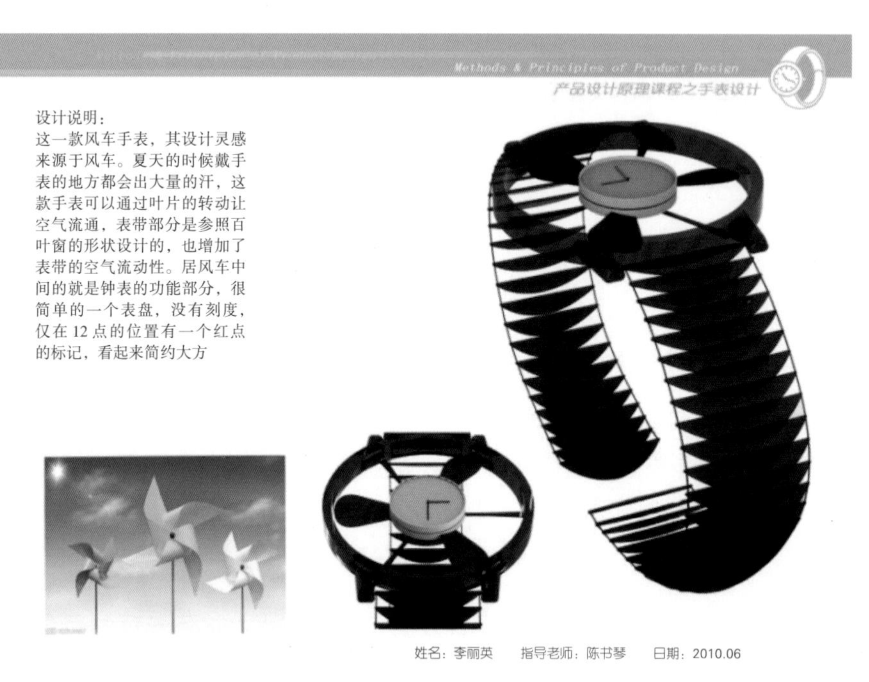

图 5-2　风车手表（一）

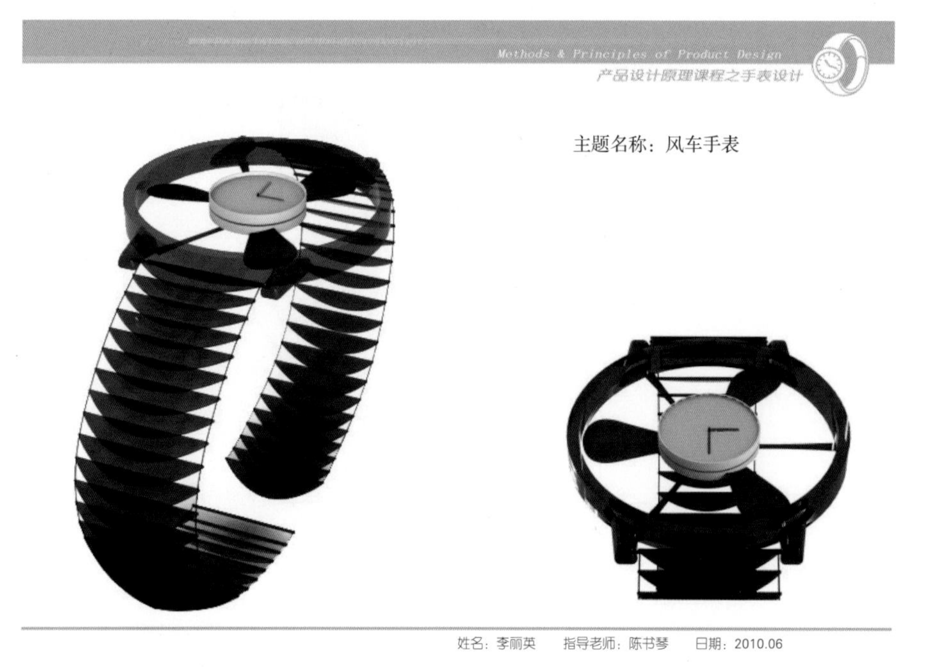

图 5-3　风车手表（二）

在本书第三章的第二节“组合原理”的第五部分已介绍“产品设计要素矩阵法”，其中的产品“设计外部要素细分与展开”中提到从“目标消费群”方向进行创新，图 5-4、图 5-5 所示的“关注老人”手表就是从这个角度切入进行创意的。由于老人眼花看东西不够清楚，所以特意在表盘位置添加放大镜，老人随时随地可以拿来使用，简单而方便。表带采用可弯曲的树脂材料，方便弯曲或伸展。这里还运用了组合原理的另一个方法“主体添加法”。

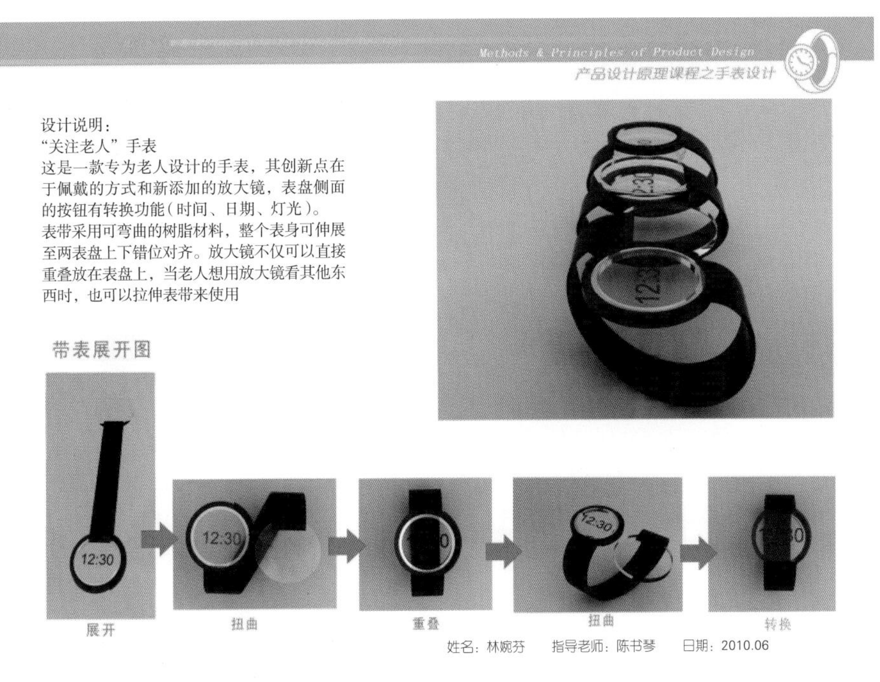

图 5-4 “关注老人”手表（一）

主题名称：“关注老人”手表

姓名：林婉芬 指导老师：陈书琴 日期：2010.06

图 5-5 “关注老人”手表（二）

图 5-6、图 5-7 所示的“触摸式”盲人手表同样采用了“目标消费群”的“产品外部要素矩阵法”来切入进行设计，其目标用户是盲人，解决方法是通过凸起的点让盲人触摸到时间数字。

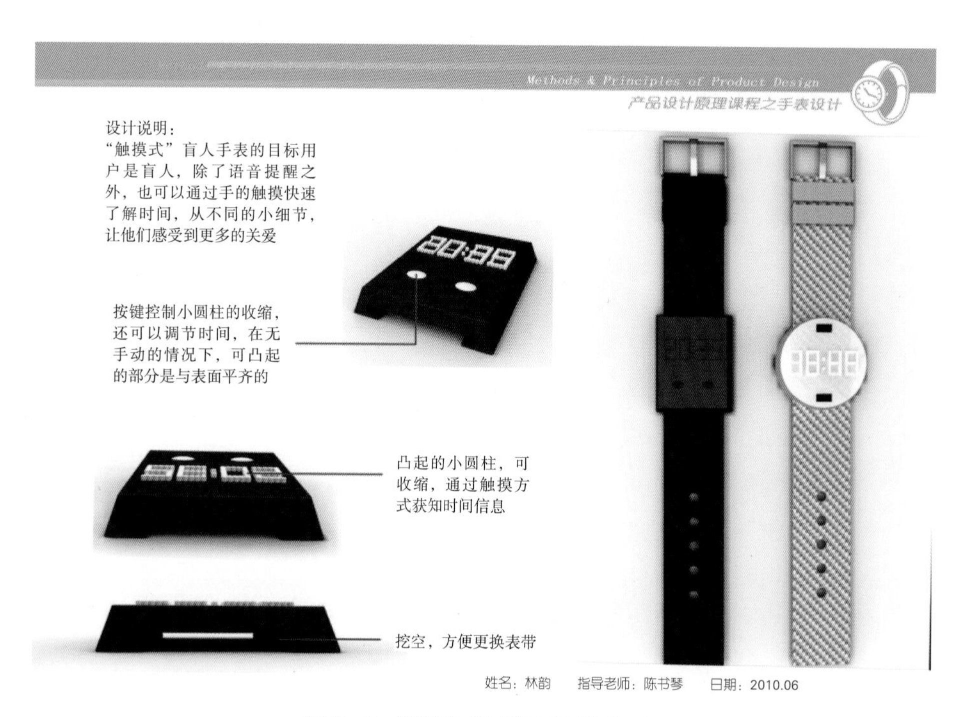

图 5-6 “触摸式”盲人手表（一）

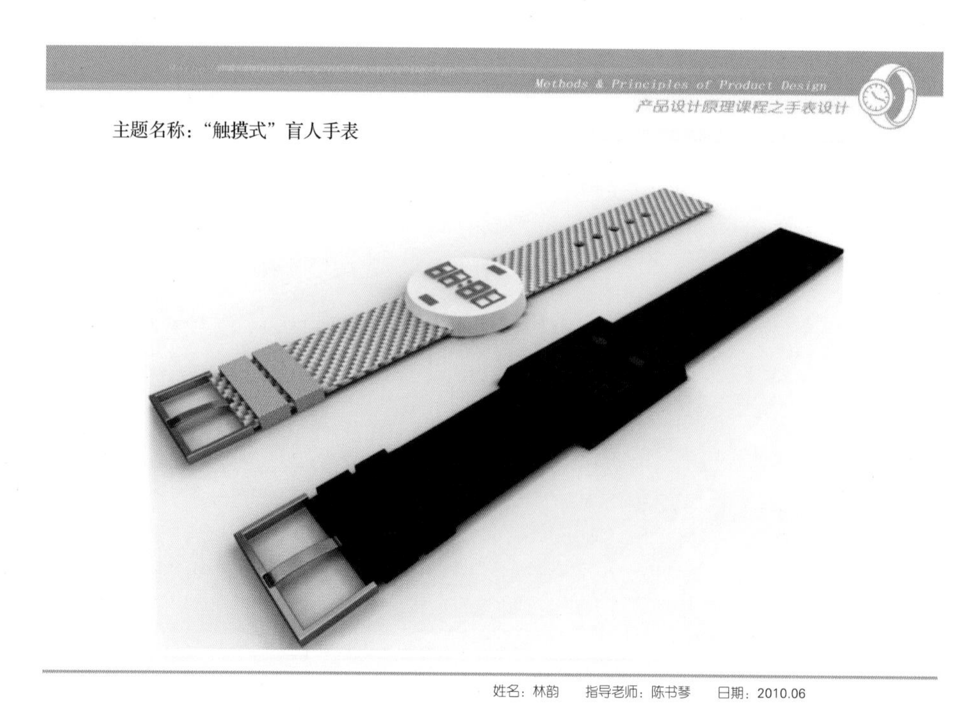

图 5-7 盲人“触摸式”手表（二）

同样是盲人手表，但图 5-8 所示的“语音报时”盲人手表在图 5-7 所示的“触摸式”盲人手表基础上运用“缺点列举法”进行了再次创新设计，功能要优于“触摸式”盲人手表。当盲人的手自然摆放或垂下时，手表是不会发出任何声音的；但当盲人的手垂直 90°抬高的话，手表中处于半圆弧两侧的小球就会碰在一起，发出报时的声音。这种方式比盲人摸半天才能知道时间要方便得多。“缺点列举法”的第三步是：根据产生缺点的原因寻求解决办法，解决方法显然不止一个，这就需要最终的评价和筛选来确定最优方案。

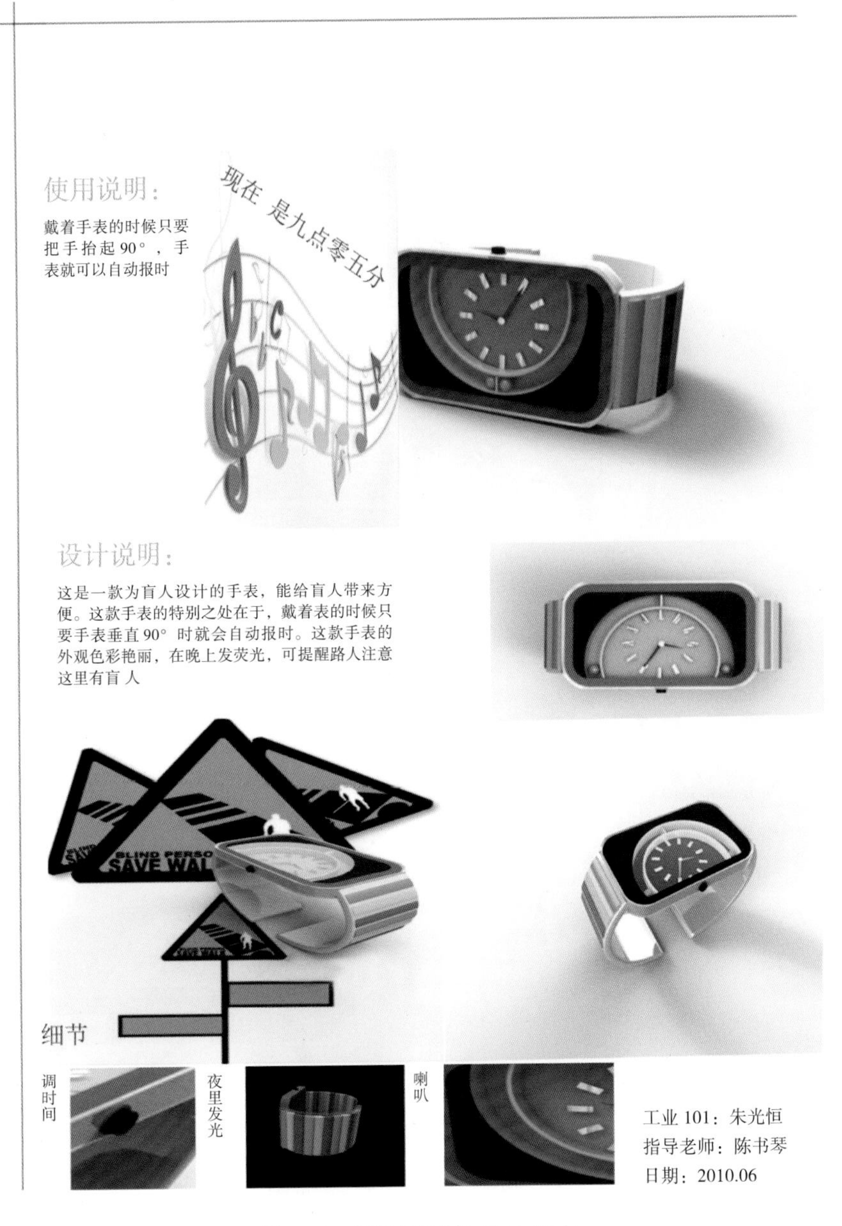

图 5-8 “语音报时”盲人手表

图 5-9、图 5-10 所示的“记录上一次”记时手表运用了“产品设计要素矩阵法”进行设计，其中的产品“设计外部要素细分与展开”中就提到从“使用过程”方向进行创新，考虑的“使用过程”是：在日常生活中，我们常常会忘记做某件事情的瞬间，比如上一次吃药的时间，煲汤开火的时间，把面膜贴在脸上的时间……很多时候都是看了时间却

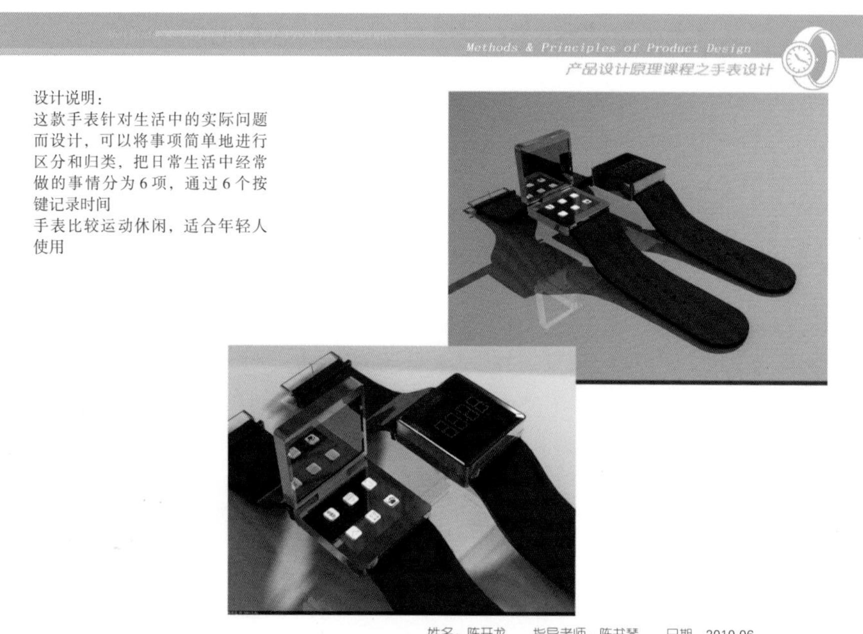

姓名：陈开龙　指导老师：陈书琴　日期：2010.06

图 5-9 “记录上一次”记时手表（一）

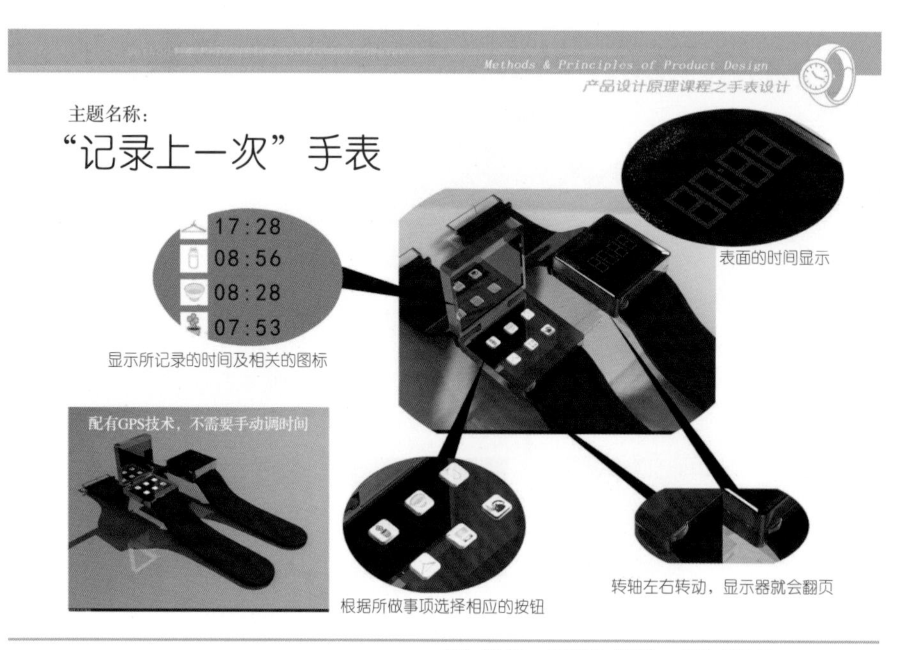

姓名：陈开龙　指导老师：陈书琴　日期：2010.06

图 5-10 “记录上一次”记时手表（二）

又忘记。这款手表就是针对这一生活问题而设计的，采用强制式开盖看时间方式，即每次看时间都先要揭开盖，看完后合上，合上就会自动记录上一次所看的时间，等下次打开时，自然就会显示上一次所记录的时间，这样前后有对比，就很好地解决了忘记时间的问题。

图 5-11 所示的“手机支架”手表同样使用了“设计外部要素细分与展开”中的“使用过程”方向进行创新，考虑到人们在外办事排队等待的时候可能想追剧，但手机又没有支架的这一问题，于是把手表设计成一个临时手机支架。此方案就是从手表的外部要素细分和展开，得到的一个创新方案。

图 5-11　“手机支架”手表

图 5-12、图 5-13 所示的“可置放桌面”手表同样使用了“设计外部要素细分与展开”中的“使用过程”方向进行创新，同时兼用了迁移原理中的移植技法中的“移植结构”方法。首先考虑到人们在不使用手表时的情况，很多人希望手表可以平稳置放于办公桌上，这样既方便看时间又美观。所以，设计者就把《星际争霸》中的机械手臂的结构和造型移植到手表的表带设计上，使手表既方便戴上又方便摘下，还可以平稳置放于桌面上。

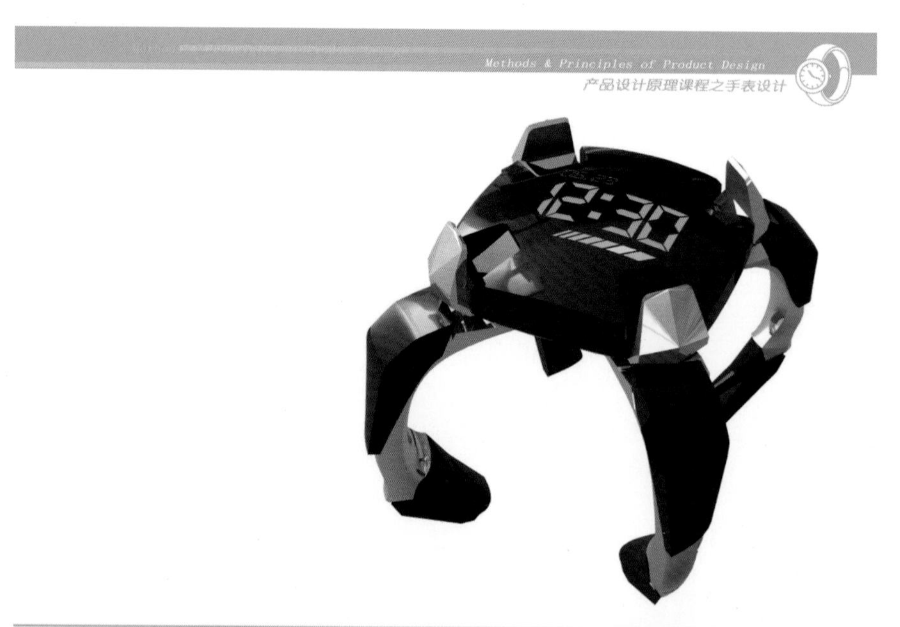

姓名：谢佳斌　指导老师：陈书琴　日期：2010.06

图 5-12　“可置放桌面”手表（一）

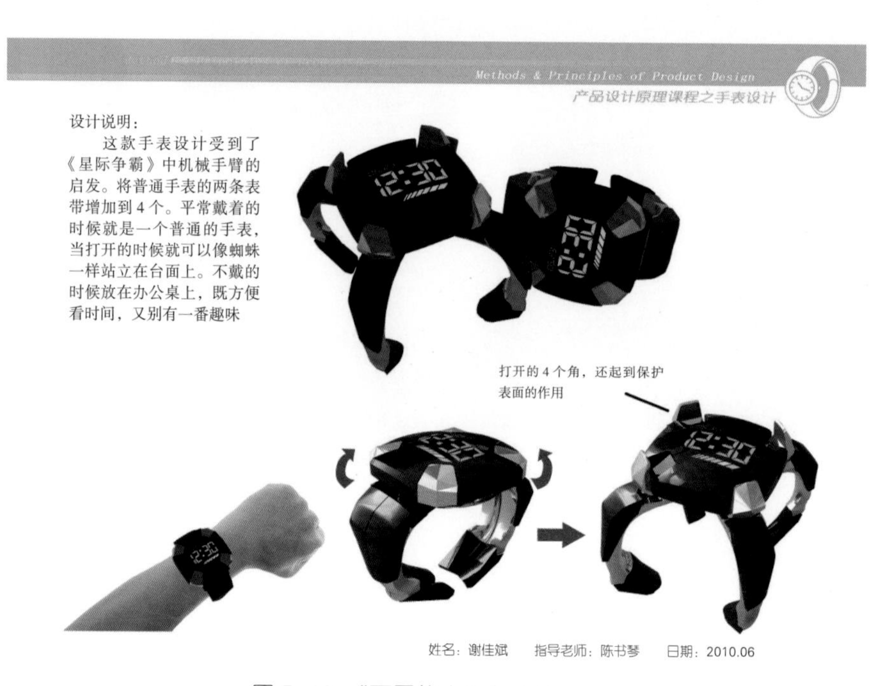

姓名：谢佳斌　指导老师：陈书琴　日期：2010.06

图 5-13　“可置放桌面”手表（二）

图 5-14、图 5-15 所示的“时区”手表使用了“设计外部要素细分与展开”中的“使用过程”和“目标消费群”方法，专门为经常出国、出差或旅游的人群设计。通过“多表盘”的设计，这款手表能同时显示不同的时区，且具备对比的功能。

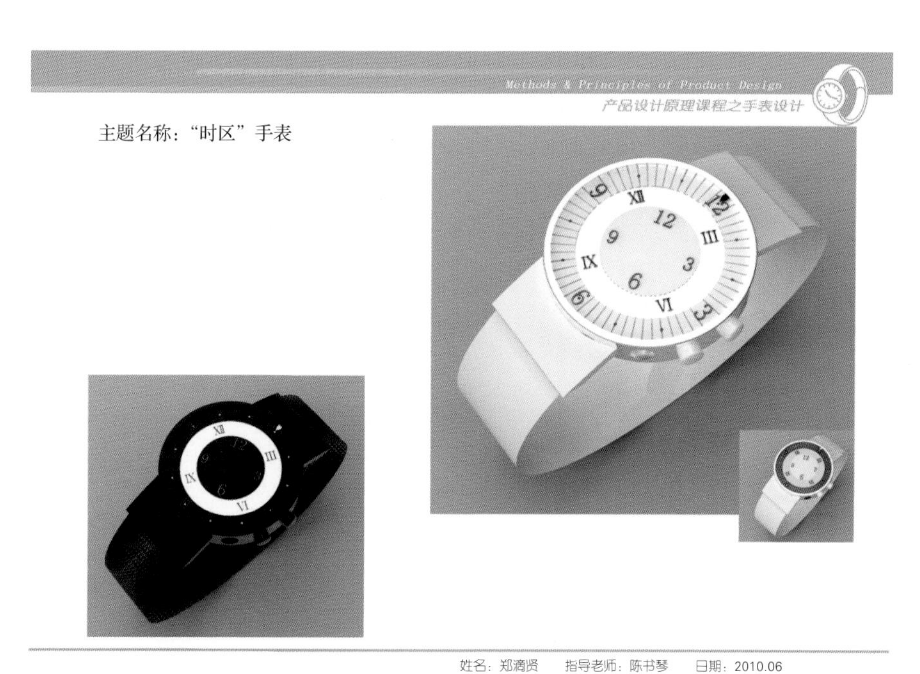

图 5-14 “时区”手表（一）

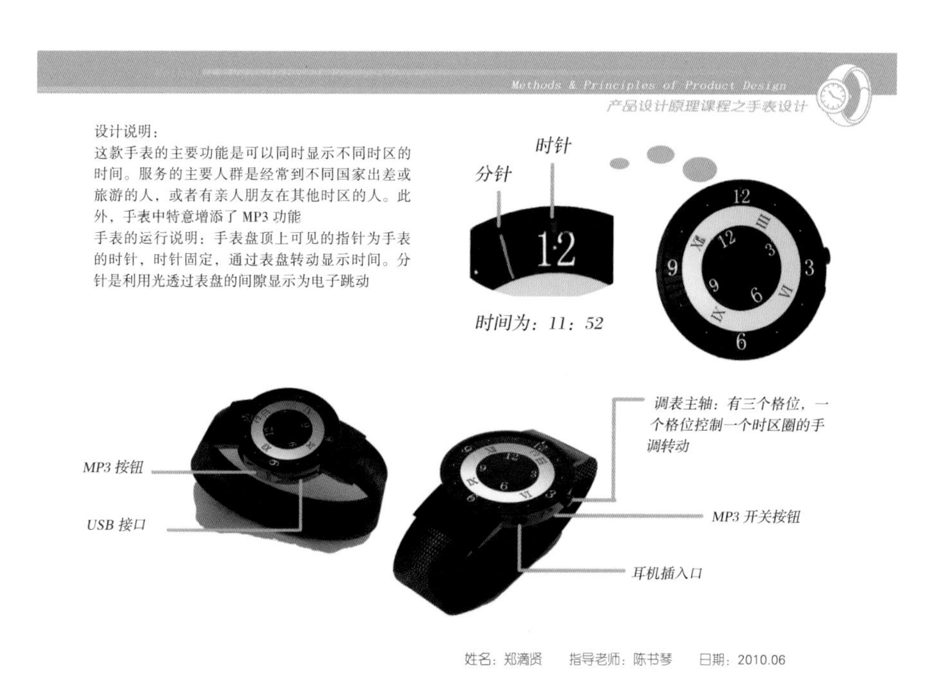

图 5-15 “时区”手表（二）

图 5-16 所示的“可插照片”手表运用了“产品设计要素矩阵法”的“产品设计自身要素细分与展开”及“设计外部要素细分与展开”中的“目标消费群”方法。“产品自身要素”指的是手表的表盘、表带、指针、刻度、影像、功能、加工工艺这些要素。而这款手表是从表盘的附加功能角度进行创新的，同时结合了组合技法里面的“主体添加法”，给表盘这个主体添加了一项放照片的功能。

图 5-16 “可插照片”手表

图 5-17 所示的“充电器”手表运用了“组合原理”中的“异类组合法”，把充电器功能和手表功能结合起来，方便实用，创新度高。

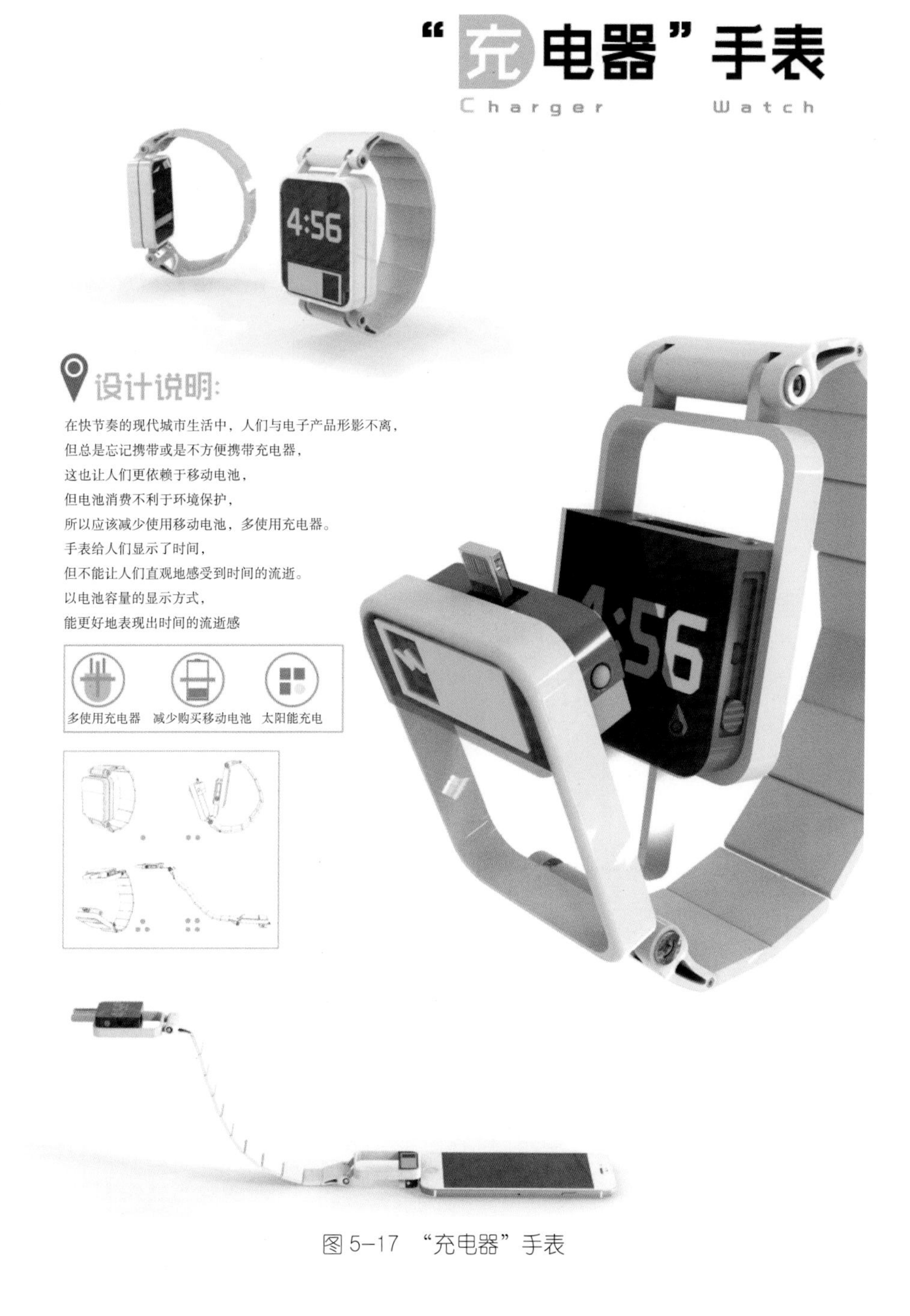

图 5-17　“充电器”手表

图 5-18、图 5-19 所示的“棉花糖”防撞手表运用了“移植原理”中的“移植材料法”，把柔软如棉花的回弹性海绵材料移植到表盘和表带上，可有效保护互相打闹中的孩子。同时，手表外观上丰富的色彩和柔软的质感也能吸引孩子，很好地将“孩子”这一目标用户的实际需求与功能相吻合。

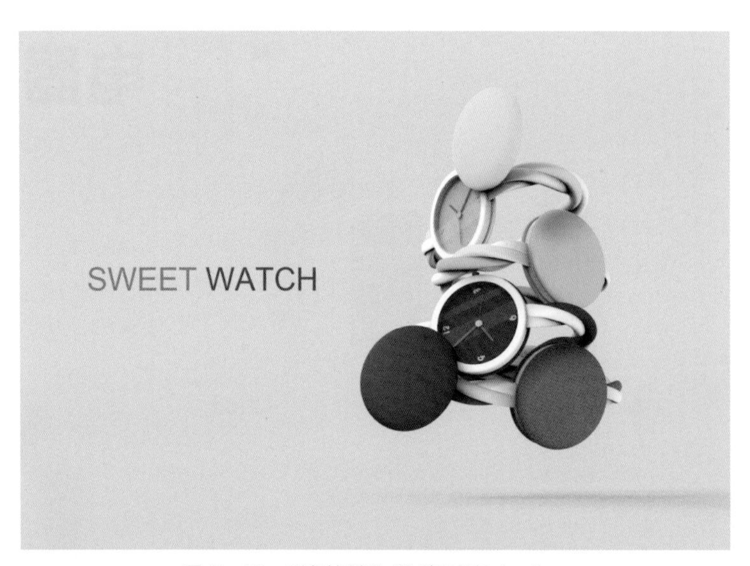

图 5-18 “棉花糖”防撞手表（一）

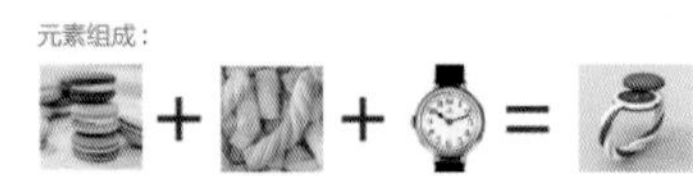

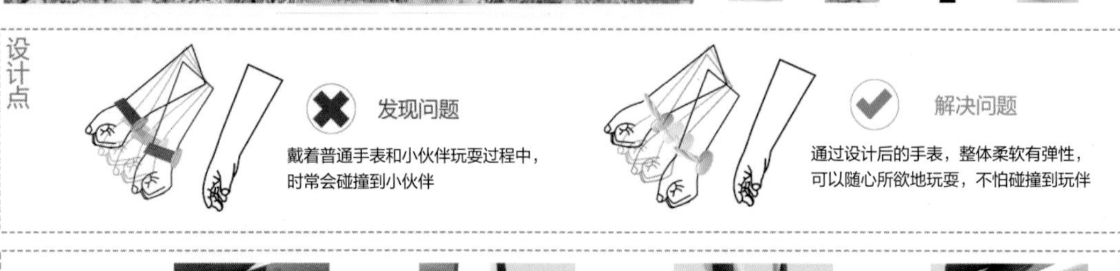

产品细节

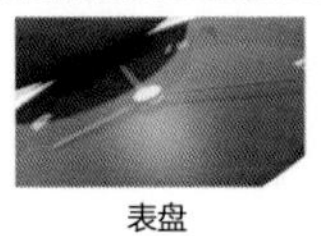

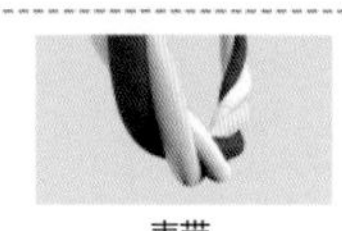

图 5-19 “棉花糖”防撞手表（二）

图 5-20 所示的“沙漏”手表把手表的计时功能与沙漏形象地结合起来，运用了“组合原理”中的“异类组合法”，外形新颖别致，符合现代人的审美需求。

图 5-21 所示的“镜面”手表运用了“发散原理”中的“检核表法”的“转化”方法进行创新，转化的概念是：这件东西能否做其他用途，或稍加改动有无其他用途？每件东

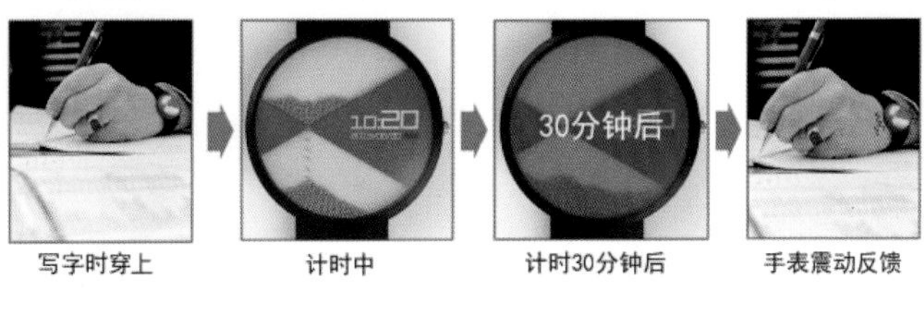

图 5-20　“沙漏”手表

西都有特定的功用，但并不限于只有一种用途。通过发问，突破现有产品功能的专一性，就可以发现其他新功能。同时，也可以说这款手表运用了“产品设计要素矩阵法”的“设计外部要素细分与展开”中的“目标消费群”方法，针对女性用户而特意加设的镜面功能，方便她们整理仪容。

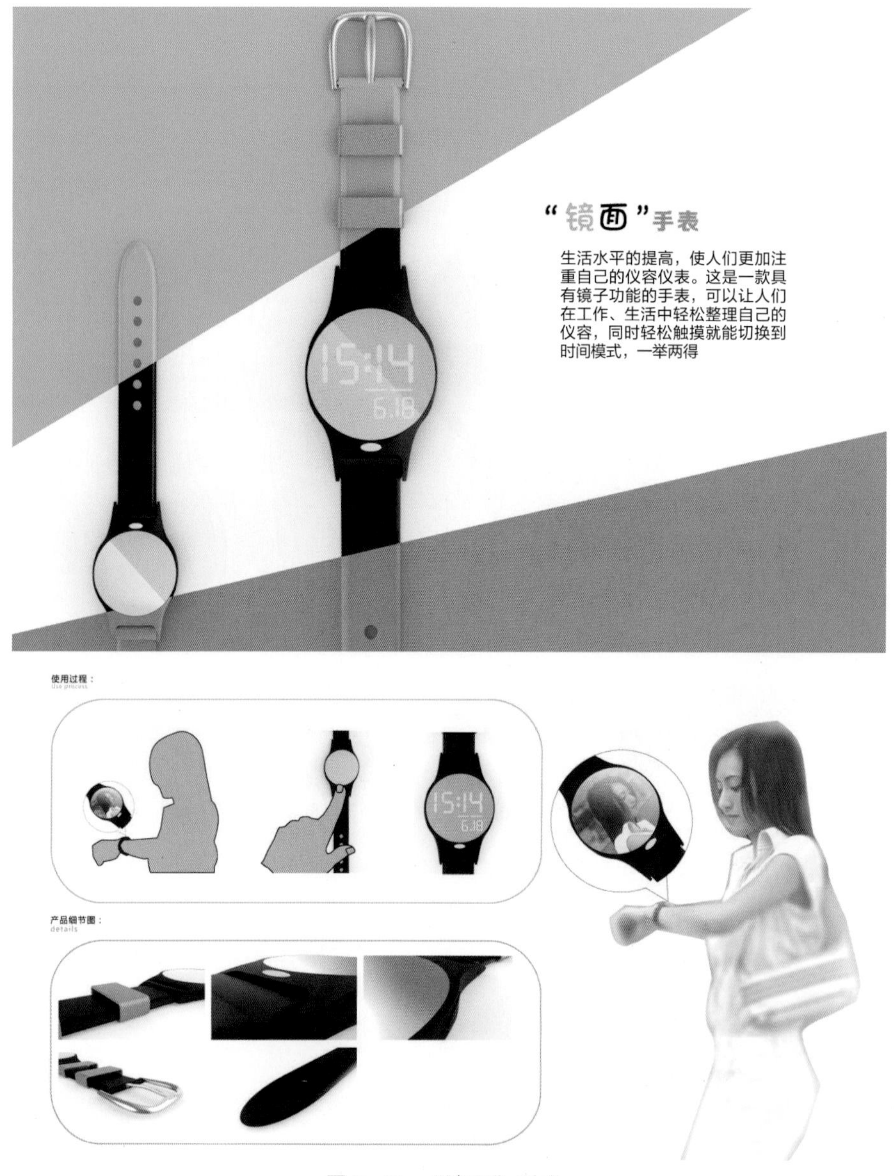

图 5-21 “镜面”手表

通过多款手表案例的介绍，读者应该能理解第三章中的设计原理与技法的实际运用效果。上文提到这么多款手表案例，设计者均采用了不同的设计原理与技法。要想熟练掌握各种设计技法，首先要对各种设计原理有深刻的理解，同时能灵活运用创新思维方法进行思考。

创新思维可以帮助设计师进行思考，而设计原理与技法则是设计师可具体实施的操作方法，两者应相辅相成。

习　题

注：本章主要内容为创新思维与设计技法的范例分析，不涉及概念类型的“填空题”和“选择题”的题型。

思考题

请尝试运用各种设计原理与技法进行一款“可穿戴电子产品”的创新设计。

参 考 文 献

白晓宇，2008. 产品创意思维方法［M］. 重庆：西南师范大学出版社 .

陈彦廷，2016. 设计奖道理［M］. 上海：上海人民美术出版社 .

刘静伟，2014. 设计思维［M］. 北京：化学工业出版社 .

鲁百年，2015. 创新设计思维：设计思维方法论以及实践手册［M］. 北京：清华大学出版社 .

王俊涛，肖慧，2011. 新产品设计开发［M］. 北京：中国水利水电出版社 .

吴佩平，章俊杰，2013. 产品设计程序与实践方法［M］. 北京：中国建筑工业出版社 .

杨向东，2008. 工业设计程序与方法［M］. 北京：高等教育出版社 .

原研哉，2006. 设计中的设计［M］. 朱锷，译 . 济南：山东人民出版社 .

庄寿强，2006. 普通（行为）创造学［M］. 3 版 . 徐州：中国矿业大学出版社 .

佐藤大，2016. 佐藤大：用设计解决问题［M］. 邓超，译 . 北京：北京时代华文书局 .